The Bird Book

鸟

［日］日贩IPS◆编著　何凝一◆译

贵州科技出版社

目录 Contents

鸟的起源和进化

自古以来，人类就憧憬着有一天能在天空中翱翔，在天空中飞翔的小鸟便是自由的象征。鸟是艺术创作的主角之一，因此它们的身影时常出现在各种各样的作品中。不仅如此，人工饲养的禽类还是人类食材和衣料的来源。可见，鸟类在人类日常生活中不可或缺，它们给予人类巨大的恩惠。目前地球上大约有1万种鸟，它们在栖息地构建出丰富多样的生态系统。迄今为止，鸟类究竟经历了怎样的历史？它们又是如何进化而来的？下面，我们就把这些不为人知的轨迹告诉大家。

鸟是活到今天的恐龙

我们通常所说的鸟是指全身覆盖羽毛、拥有喙、前肢变成翅膀的脊椎动物。根据化石记录推测，至少在2亿年前至1亿5000万年前，鸟类就出现了。

▲暴龙的骨骼标本

关于鸟的起源，全世界的争论从未停止过，但可以肯定的是，现代鸟类是由恐龙进化而来的动物。换言之，大约6550万年前灭绝的恐龙，进化成鸟类一直活到了现在。从系统分类学的角度来看，在"兽脚亚目"恐龙中两只脚行走的肉食恐龙与鸟最为接近。曾经也有学者提出原始爬行

▲鸡趾爪

▲暴龙的脚趾

动物是鸟类祖先的说法，不过2011年日本相关研究人员发表的鸡趾爪相关研究结果提供了新的证据，力证"鸟类是由恐龙进化而来"。

相关研究表明，至今为止的鸟类都拥有3根脚趾，分别是"食指、中指和无名指"，恐龙则拥有"大拇指、食指和中指"3根脚趾。虽然两者并不一致，但是如果在鸡蛋中添加促进脚趾生长的蛋白质，鸟类就会长出与恐龙一样的"大拇指、食指和中指"。同时相关实验也表明，在鸟的成长过程中，被认为是无名指的脚趾也会随之消失。从结果可以看出，鸟与恐龙的生长结构是一致的。

从恐龙到鸟的变迁

鸟是经过怎样的变迁才进化成现在的模样？鸟的祖先——恐龙是生活在距今大约2亿5000万年前至6600万年前中生代的陆地爬行动物。根据骨盆的形状可以将恐龙分为蜥臀目和鸟臀目两大类，其中蜥臀目的骨盆形状接近于爬行动物，鸟臀目的骨盆形状更接近于鸟类。而蜥臀目又可以分为肉食的"兽脚亚目"和草食的"蜥脚亚目"，前者是两只脚行走，后者是四只脚行走。

后来发展成当今鸟类的便是蜥臀目的"兽脚亚目"。公认的史上最强肉食动物暴龙和始祖鸟都属于兽脚亚目。

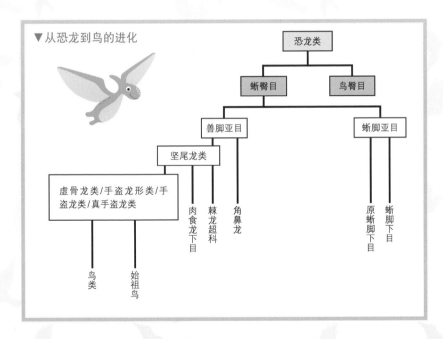

▼从恐龙到鸟的进化

生活在侏罗纪中期至后期的曙光鸟和近鸟龙被认为是最初的鸟类，但光凭拥有羽毛这一条件，不足以将它们界定为鸟类。因此，拥有羽毛的恐龙和鸟类之间到底有何区别引发了学者的争论。另外，随着始祖鸟被排除在进化主流学说之外，如今学术界普遍认为始祖鸟不是现存鸟类的直系祖先。

现存鸟类的进化过程大致经历了以下几个阶段：从拥有羽毛的恐龙分化出鸟类，包括大约1亿2000万年前生活在中国境内的热河鸟以及同样在中国发现的孔子鸟，在此基础上继续演化成现存的鸟类。

鸟的分类

无论是被人当做宠物饲养的鹦鹉，还是水族馆里拥有超高人气的企鹅，生活在我们身边的鸟类在不同的栖息地都能构建出丰富多样的生态系统，这让全世界的鸟类观察者和研究者着迷不已。那么，这些鸟类具体如何分类，它们的身体构造又是怎样的呢？

鸟是什么样的动物

鸟类一般指体表覆盖着羽毛、拥有适合飞翔的翅膀和喙的脊椎动物。同时也是体温基本能够保持在一定温度的恒温动物，平均体温高达 40~42 ℃。而且，并不是所有鸟类都会飞翔，鸵鸟和企鹅例外。另外，雏鸟都是由被硬壳包裹的卵孵化而来。

• 鸟的分类

地球上的鸟类有 1 万多种，是四足动物中种类最丰富的生物。根据国际鸟类学大会（IOC）[※]的分类，现存鸟类主要分成古颚总目和今颚总目两大类。古颚总目有包括鸵鸟在内的大约 50 种鸟类，除此以外，99.5% 的鸟类都属于今颚总目。

▼现存鸟类的分类

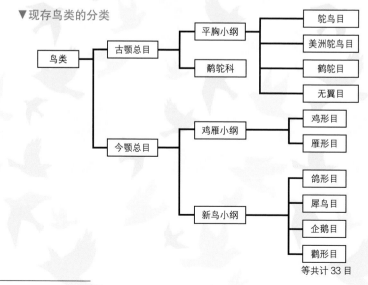

等共计 33 目

※ 国际鸟类学大会，创办于 1884 年，是鸟类学者的国际性研究集会，每 4 年举办 1 次。

鸟的身体

鸟类的特征之一是身体由重量极轻的骨骼构成，因此它们能轻盈地飞上天空。鸟类的骨骼十分坚固，可以承受起飞和飞翔过程中产生的压力，内部是中空结构，极大地减轻了重量，全身的骨骼加在一起只占总体重的5%左右。另外，它们还拥有结实的肌肉，便于支撑翅膀飞翔，发达的呼吸系统和循环系统保证新陈代谢的顺利进行。这些构造可以让大多数鸟能够在天空优雅自如地飞行。

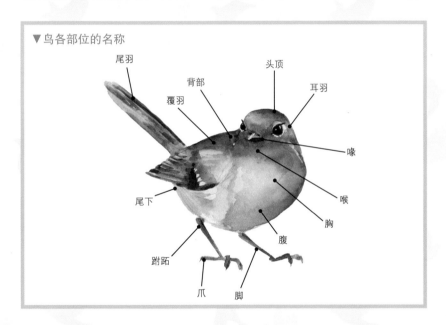

▼鸟各部位的名称

尾羽　背部　覆羽　头顶　耳羽　喙　喉　胸　腹　尾下　跗跖　爪　脚

•"夜盲症"是指?

在光线昏暗环境下或夜晚视物不清或完全看不清东西、行动困难的症状称为"雀蒙眼"，也就是我们所说的夜盲症。但实际上，除了鸡等一部分鸟类之外，大部分鸟类在夜晚都能够看得很清楚。

"雀蒙眼"一词原本是用来区分夜行性的猫头鹰和大多数昼行性鸟类的。实际上，鸟的视力非常卓越，尤其像雕和鹰这类猛禽，它们的视力大约是人类的8倍，甚至能感知到人类无法看到的紫外线。

▲眼睛又大又圆的猫头鹰宝宝。

样子呆萌，擅长跳舞的蓝脚海鸟

>>>

01 蓝脚鲣鸟
Blue-footed Booby

因独特的求爱舞蹈而闻名的雄性蓝脚鲣鸟。求爱时，它们上下挥动着双翼，在雌鸟周围慢慢地来回走动，就像在跳舞。

【左】体长约 80 厘米，翅膀张开可长达 150 厘米左右。经常在太平洋的上空飞翔，伺机捕食沙丁鱼。
【右】颜色鲜艳的蓝脚是健康的晴雨表。脚上有蹼，可以潜入水中。

特征明显的蓝脚鲣鸟主要栖息在厄瓜多尔共和国的科隆群岛，拥有一双非常醒目的蓝脚，又尖又长的喙和俏皮的外形很容易让人联想到企鹅。英文名直译的意思是"拥有蓝脚的笨蛋"，因呆萌的表情和走路蹒跚的样子而得名。通常认为，蓝脚鲣鸟是广泛分布在科隆群岛的固有亚种，但实际上墨西哥至秘鲁的太平洋沿岸也栖息有蓝脚鲣鸟的亚种。

蓝脚的秘密在于它们捕食的鱼类中富含类胡萝卜素，这种类胡萝卜素具有强化免疫力的作用。因此，脚的颜色越深证明鸟越健康，对雌鸟来说，蓝脚也是雄鸟魅力的体现。雄鸟求爱的时候，会把自己引以为傲的蓝脚高高抬起来，不停地踏步，以此来吸引雌鸟的注意。

现如今，蓝脚鲣鸟属于濒临灭绝的种群，数量已经从 1260 年的大约 2 万只降到了 2012 年的 6400 只左右。人类滥捕沙丁鱼是导致蓝脚鲣鸟数量减少的主要原因。目前环境保护机构已采取了相应的保护措施来保护它们。

DATA

英文名	Blue-footed Booby
学 名	*Sula neboouxii*
分 布	北美洲、南美洲的西海岸
分 类	鲣鸟目鲣鸟科鲣鸟属
体 长	76~85 厘米
体 重	1500 克

【左上】外形独特，看起来就像动画片里的角色。【左下】刚出生的雏鸟全身覆盖着白色的羽毛。雌鸟每年孵化雏鸟1~3只，数量非常少。【右】聚集在岩石滩的蓝脚鲣鸟群。据称，近年来由于食物来源沙丁鱼的减少，相比于内陆，它们更多时候是停留在大海沿岸。

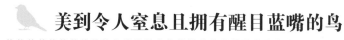

02 蓝嘴黑顶鹭
Capped Heron

白色的冠羽从黑色的头顶延伸出来，标志性的蓝色喙从嘴角到嘴尖呈渐变色。

【左】瞄准在浅滩游弋的猎物，一动不动静静等待着的蓝嘴黑顶鹭。蓝嘴黑顶鹭大多数情况都是单独进行狩猎。【右】体型圆润可爱的蓝嘴黑顶鹭停留在树枝上，神态充满戒备。

正如名字一样，蓝嘴黑顶鹭是一种从脸部到喙尖都呈鲜艳蓝色的漂亮鹭鸶。它们的头部拥有浓密的黑色羽毛，颈部和腹部呈奶油色，翅膀则呈银白色。头部后侧长有 3~4 根白色长冠羽，这是蓝嘴黑顶鹭的标志性特征。雄鸟与雌鸟的羽毛颜色相差不大，但雌鸟的脚的颜色更蓝一些。

蓝嘴黑顶鹭广泛分布在中美洲南部至南美洲大陆北部，主要栖息在热带雨林、沼泽地和河岸。不过，在咖啡园和稻田里偶尔也会出现它们的身影。蓝嘴黑顶鹭属于鸟类中少有的夜行性动物，通常会在日落黄昏时分出来活动。不同于其他鹭鸶，它们的体型比较小，飞行时忽高忽低，不太稳定。另外，蓝嘴黑顶鹭还因狩猎方式独特而闻名。一旦在水边发现猎物，它们就会伸出脖子慢慢地靠近，然后以迅雷不及掩耳之势将喙扎入水中捕捉猎物。然而，如此慎重的狩猎行动，成功率却只有 23% 左右。捕食的猎物主要是长 5 厘米以下的小鱼和青蛙等。

DATA

英文名	Capped Heron
学名	*Pilherodius pileatus*
分布	巴拿马南部至玻利维亚、巴拉圭、巴西南部
分类	鹈形目鹭科黑顶鹭属
体长	50~60 厘米
体重	444~632 克

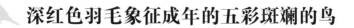

03 深红玫瑰鹦鹉

Crimson Rosella

拥有深红色和蓝紫色的羽毛。虽然英文名是
"Crimson（深红色）"，但在出生后 12~16 个
月之内，背部和尾羽呈橄榄绿色。

【左】津津有味喝水的深红玫瑰鹦鹉。圆溜溜的眼睛看起来十分可爱。【右】正在明媚的阳光下吸食花蜜的深红玫瑰鹦鹉。除了花蜜和果实外,它们还喜欢吃桉树叶。

一身凸显气质的深红色羽毛是深红玫瑰鹦鹉的最大特征。它们的脸颊、尾羽和部分翅膀带有鲜艳的蓝紫色,背上还有鱼鳞状的斑纹。目前已知的亚种共有6种,有些亚种的翅膀呈黄色或橙色。深红玫瑰鹦鹉外形漂亮,是很受欢迎的家养宠物,但有些深红玫瑰鹦鹉的叫声尖锐,喜欢咬东西,需要进行适当的驯养。随着雏鸟慢慢长大,除头部的一小部分之外,其他羽毛都会从橄榄绿色变成深红色。从某种意义上说,这也是一种适合观赏、可以享受其成长变化过程的鸟。

深红玫瑰鹦鹉原产于澳大利亚东部和东南部,主要栖息在森林和庭园。多数都生活在水边和桉树等树林的内部,以植物的种子和果实为食。繁殖期需要摄入比平时更多的蛋白质,所以这段时期也会捕食昆虫的幼虫。

繁殖期会受降雨量和栖息地域环境的影响。通常情况下,生活在澳大利亚南部的深红玫瑰鹦鹉会在每年9月至次年1月进行繁殖,每次在树洞的巢穴里产下3~8枚卵,孵化时间大约需要20天,由雌雄鸟共同抚养35天左右后,雏鸟就会离巢。

DATA

英文名	Crimson Rosella
学 名	*Platycercus elegans*
分 布	澳大利亚东部、东南部
分 类	鹦形目鹦鹉科玫瑰鹦鹉属
体 长	32~37 厘米
体 重	130 克

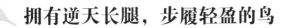

拥有逆天长腿，步履轻盈的鸟

04 非洲水雉

African Jacana

在睡莲上漫步的非洲水雉。细长的脚趾和灵巧的体型让它们能够站立在水生植物上。

【左】灰蓝色的喙格外惹眼。【右】蜷起腿在水草上自如行走的非洲水雉。标志性的大长腿，长度接近体长的一半。

体型相对较小，却拥有逆天长腿的非洲水雉生活在撒哈拉沙漠以南的非洲大陆。它们喜欢停留在沼泽地和池塘等水流比较平缓的地方，捕食湿地里潜伏的昆虫和蜗牛等无脊椎动物。通过长脚将体重分散之后，便能在睡莲等浮叶植物上自如地行走。

非洲水雉的身体覆盖着茶褐色的羽毛，成鸟的白色颈部和黑色后脑勺形成鲜明的对比，灰蓝色的喙十分夺目。

雌鸟每次产卵 3~4 枚，雄鸟负责孵卵、养育雏鸟，还要在池塘水面漂浮的水草上筑巢，照顾雏鸟长大。雄鸟还有一种习性想必大家都不陌生，行走时它会用腹部浓密的羽毛把雏鸟严严实实地包住。这时候，雏鸟的身体完全被爸爸遮住，只有长腿露在爸爸的腹部下方，一眼看上去好像多出来许多条腿。另一方面，雌鸟的任务是负责圈定地盘，保护雏鸟不受外敌的威胁，这是因为雌鸟的体型比雄鸟要大一圈，所以才会这样分工。

DATA

英文名	African Jacana
学　名	*Actophilornis africana*
分　布	南非
分　类	鸻形目水雉科非洲水雉属
体　长	30~35 厘米
体　重	130~170 克

美丽优雅的鸟，有浅亚麻色与白色的羽毛

05 牛背鹭
Cattle Egret

换上夏羽的牛背鹭。一旦进入夏季繁殖期，部分羽毛就会变色。

【左】站在斑马背上的牛背鹭。它们会捕食大型食草动物身上的寄生虫，两者是互生互利的好伙伴。
【右】伸直双脚飞翔的样子。翅膀展开长 85~96 厘米。

冬季时，牛背鹭全身覆盖着雪白的羽毛。等到夏季，身体的一部分就会换上亚麻色（偏黄的浅茶色）的夏羽，从纯白色变成拥有一身亚麻渐变色羽毛的漂亮鸟儿。牛背鹭广泛分布在世界各地，主要栖息在草原、湿地和农田，以蜘蛛、青蛙和昆虫为食。在日本，每到插秧时节经常能看到牛背鹭聚集在耕作机周围，捕食从草里飞出来的虫子。另外，牛背鹭还会停留在河马和野牛等大型食草动物的背上捕食寄生虫，两者之间构建出一种共生关系。

牛背鹭很少鸣叫，它们的叫声比较低，飞翔时会缩起脖子。通常情况下，牛背鹭喜欢单独或者成对行动，不过在繁殖期会与其他鹭科鸟类成群结队过集体生活。

DATA

英文名	Cattle Egret
学 名	*Bubulcus ibis*
分 布	非洲大陆、美洲大陆、亚欧大陆南部等地
分 类	鹈形目鹭科牛背鹭属
体 长	45~56 厘米
体 重	300~400 克

世界上最大的军舰鸟，求偶全靠一颗红心

06 华丽军舰鸟
Magnificent Frigatebird

极具视觉冲击力的喉囊像气球一样鼓起来，看上去就像一颗大大的红心。双翼张开可达 240 厘米左右。

华丽军舰鸟的喉囊像红色的气球一样。它们广泛分布于美国的佛罗里达州、西印度群岛和塞内加尔附近的大西洋海面，平均飞行速度是每小时 10 千米。繁殖时会选择美洲大陆的太平洋沿岸地区，包括科隆群岛在内。但名为"科隆华丽军舰鸟"的一种鸟类是当地的固有品种，与华丽军舰鸟的基因完全不相同。栖息在该岛的华丽军舰鸟数量大约有 2000 只，它们在"秘鲁圣木"王檀香上筑巢。

只有雄鸟才拥有喉囊。进入繁殖期后，雄鸟的红色喉囊会膨胀到哈密瓜大小，其整个膨胀过程需要 10 分钟左右。然后它们会发出高亢的叫声，向雌鸟求爱。

【上】成群的华丽军舰鸟聚集在加勒比海的红树林上。【左下】华丽军舰鸟的雏鸟，除翅膀以外均被一层厚厚的毛绒绒的白色羽毛包裹着。【右下】红色喉囊鼓起仰天长啸的雄鸟和在旁观看的幼鸟。据说它们会在巢里发出"嘎——嘎——"的叫声。

雄鸟身披黑色的羽毛，雌鸟的胸部和颈部覆盖着白色的羽毛。由于羽毛没有防水性，所以华丽军舰鸟是靠出色的飞翔能力，在飞行中捕捉猎物。它们大部分时间都是用向下弯曲的钩状喙捕捉从水面跃起的飞鱼和乌贼，偶尔也会袭击其他海鸟抢夺食物，露出凶猛的一面。

DATA

英文名	Magnificent Frigatebird
学名	*Fregata magnificens*
分布	大西洋的热带地区、美洲大陆的太平洋沿岸
分类	鲣鸟目军舰鸟科军舰鸟属
体长	89~114 厘米
体重	1100~1600 克

07 安第斯动冠伞鸟

Andean Cock-of-the-rock

浑圆的眼睛，加上一身浓郁的橙
色，如此奇妙的外形让人过目难
忘。圆盘状的冠羽在求爱的时候
会展开到最大。

【左】生活在空气相对湿度较高的云雾林里。常见于秘鲁玛努国家公园内。【右】张开翅膀互相较劲的两只安第斯动冠伞鸟。

头上的圆盘状冠羽像高耸的驼峰，全身呈鲜艳的橙色。据说雄鸟求爱时，眼睛的轮廓会从平常的圆形变成纵长的椭圆形。只有雄鸟才拥有这样极具特点的外貌，雌鸟全身都是灰暗的褐色羽毛，冠羽也要小一些。

安第斯动冠伞鸟分布在跨越委内瑞拉和玻利维亚境内的安第斯山脉，因是秘鲁的国鸟而享有较高的知名度。它们栖息在山峦岩壁，或是河流的上游和森林等地，以果实和昆虫为食。

安第斯动冠伞鸟会在树叶稀疏的枝头上求爱，雌鸟在一旁观看雄鸟的求爱行动，物色心仪的对象。雄鸟会在竞争对手面前不停地扑腾翅膀、摇头，展示自己的力量。当雌鸟靠近时，动作的幅度会更大，尤其是冠羽，可以膨胀到遮住喙的程度。安第斯动冠伞鸟是一夫多妻制，雌鸟产卵后雄鸟就不再靠近，所有筑巢和养育雏鸟的任务都由雌鸟承担。

DATA

英文名	Andean Cock-of-the-rock
学 名	*Rupicola peruvianus*
分 布	委内瑞拉、哥伦比亚、厄瓜多尔、秘鲁、玻利维亚
分 类	雀形目伞鸟科动冠伞鸟属
体 长	30~32 厘米
体 重	265~300 克

【左上】站在枝头观察四周的安第斯动冠伞鸟。【左下】站在饵料旁侧头凝望。除了果实以外，还喜欢青蛙和蜥蜴。【右】圆溜溜的眼睛被黄色的眼圈包围。头部、胸部和腹部覆盖着深橙色的羽毛。头部与颈部的分界线比较模糊，看起来像是戴着口罩一样。

像绿宝石一样华丽迷人的鸟

08 蓝孔雀

Indian Peafowl

深蓝色的身体配上耀眼的祖母绿羽毛，看起来格外美丽。进入求爱季节之后，走路的样子会变得笨拙。

拥有惊艳醒目斑纹羽毛的蓝孔雀分布在印度和巴基斯坦等南亚地区，生活在海拔1500米以下的落叶林和农田。在印度，人们将它视为一种神圣的鸟，并且奉为国鸟。颈部至胸部覆盖着深蓝色的羽毛，背部则是浓密而富有光泽的蓝绿色羽毛。不过，只有雄鸟才有这样奢华的羽毛，雌鸟的颜色比较朴素，整体呈灰褐色。平时雄鸟的羽毛都会收起来，在展开求爱行动时才像扇子一样开屏。有的雄鸟在开屏后，包括羽毛在内全长可以达到2米以上。据说，雌鸟看到雄鸟这种大量长"眼睛"的斑斓尾羽后会产生幻觉，觉得有很多只眼睛正在盯向自己，从而陷入恍惚的状态。

【上】开屏的蓝孔雀。【左下】层层叠叠的椭圆形"眼睛"，数量越多求爱的成功率越高。【右下】富有光泽的蓝色头部和扇形的冠羽是蓝孔雀的标志性特征。眼睛的上下两侧有白色的带状斑纹。

世界各地的动物园里都可以领略到蓝孔雀的美貌。动物园都采取放养的形式来饲养蓝孔雀，最佳观赏时期是每年4—6月下旬的求爱季。

DATA

英文名	Indian Peafowl
学　名	*Pavo cristatus*
分　布	印度、巴基斯坦、斯里兰卡、尼泊尔、孟加拉国
分　类	鸡形目雉科孔雀属
体　长	86~230 厘米
体　重	2800~6000 克

冠羽像头纱一般精致华丽的鸟

09 维多利亚凤冠鸠
Victoria Crowned Pigeon

相比于街上常见的鸽子，维多利亚凤冠鸠的体型大约是它的 2 倍，头顶还有扇形的冠羽。

漂亮的冠羽让人不禁联想到纤细的蕾丝，维多利亚凤冠鸠是鸠鸽科最人的物种，全长可达 75 厘米。它们全身覆盖着深蓝灰色的羽毛，眼睛的虹膜呈红色，胸部的羽毛偏红。仔细看的话，头部的冠羽像是一片片银杏叶，又像是打开的扇子，顶端边缘呈白色。印度尼西亚和巴布亚新几内亚是它们主要的栖息地，漂亮的形象还曾经出现在印度尼西亚 100 卢比的纸币上。

维多利亚凤冠鸠生活在海拔 600 米以下的热带雨林和湿地，以掉落在地面的果实为食。通常是成双成对地生活，或者是三三两两地聚集在一起，雏鸟由雌鸟和雄鸟轮流抚育。维多利亚凤冠鸠的弱点是不擅长飞翔，就算

【上】层层叠叠宛如银杏叶的冠羽，还有标志性的红眼睛，不过刚生下来的雏鸟眼睛是黑色的。【左下】沐浴在温暖的阳光下，神态看起来怡然自得的维多利亚凤冠鸠父子。【右下】在地面喝水解渴的维多利亚凤冠鸠。

遇到天敌也没办法逃到太远的地方。性格稳重，属于比较安静的鸟类。

由于维多利亚凤冠鸠的外形出众，近年来不少人把它们当做宠物出售，导致滥捕的现象加剧，数量有所减少。另外，考虑到森林砍伐造成栖息地环境的破坏，《华盛顿公约》已经将维多利亚凤冠鸠列为有灭绝危险的物种，禁止进行国际交易。

DATA

英文名	Victoria Crowned Pigeon
学 名	*Goura victoria*
分 布	印度尼西亚、巴布亚新几内亚
分 类	鸽形目鸠鸽科凤冠鸠属
体 长	60~75 厘米
体 重	约 2500 克

最五彩斑斓的鸭子，意想不到的花心

>>>

10 鸳鸯
Mandarin Duck

靠近臀部的羽毛像黄色的银杏叶。
绚丽的身影倒映在水面上。

　　"鸳鸯夫妇"一词的由来就是因为这种鸟总是雌雄依偎浮在水面上。与整休羽毛呈灰褐色的雌鸟不同，每到秋冬繁殖期时，雄鸟就会换上绿色、紫色、橙色等颜色极其鲜艳的羽毛。尤其是翅膀根部的羽毛（三级飞羽），其中一部分呈橙色的银杏叶形状，这是鸳鸯的显著特征。雄鸟会把银杏叶形状的羽毛立起来，在雌鸟面前炫耀，展开热烈的求爱行动。经常能看到鸳鸯成双成对在湖沼游弋的身影，但其实雄鸟不想离开的原因只是不愿意身边的雌鸟被其他雄鸟抢走而已。每年雌鸟产卵后，雄鸟就会寻找新的伴侣，拥有非常薄情的一面。

　　鸳鸯广泛分布在俄罗斯东南部、

【上】在雌鸟面前抬高翅膀展示自己的雄鸟，使劲浑身解数仍是徒劳，雌鸟一点都不感兴趣。【左下】蹲在雪上的鸳鸯。【右下】在水边休息片刻的雄鸟和雌鸟。雌鸟产卵后，鸳鸯夫妇形影不离的场景将不复存在。

中国、朝鲜半岛和日本等东亚地区，栖息在山间的溪流、湖泊和池塘。鸳鸯是主要以昆虫和贝类为食的杂食性动物，偶尔也喜欢吃植物果实，尤其是橡子。进入繁殖期后会在距离地表10米以上的树洞里筑巢。雏鸟出生后，鸳鸯妈妈会带领着它们学习潜水，熟练掌握之后小家伙们就会离巢。

DATA

英文名	Mandarin Duck
学 名	*Mandarin Duck*
分 布	东亚
分 类	雁形目鸭科鸳鸯属
体 长	41~48 厘米
体 重	500~600 克

世界上不会飞的鸟

鸟类的最大特征应该就是能够在天空中自由地飞翔。然而，地球上还有许多以鸵鸟和企鹅为首的"不会飞翔的鸟"。为什么现在会有大约 40 种鸟在进化的过程中失去了飞翔的能力呢？下面我们将这些"不会飞翔的鸟"按照主要栖息地进行分类，分别介绍它们无法飞翔的原因。

按照主要栖息地将"不会飞翔的鸟"进行分类

陆地

水边

家禽

生活在陆地上的鸟（平胸类）

鸵鸟、鹬鸵、鸸鹋、美洲鸵鸟等

以奔跑速度最快的鸟类——鸵鸟为首，完全在陆地生活的鸟。翅膀退化，胸骨结构中没有龙骨突起。

生活在水边的鸟

企鹅、船鸭、奥岛鸭等

以能够在海里游泳的企鹅为首，主要生活在水边的鸟。企鹅的翅膀已经退化成鳍状肢。

家里饲养的鸟

鸡、鸭、鹅等

人类以食用为目的而饲养的鸟。原产自东南亚的野鸡和原鸡被驯化后的现代鸡是其中的代表。

除此之外的鸟

除上面的分类之外，新西兰的固有品种鸮鹦鹉同样也是不会飞的鸟类。另外，还有鹤形目秧鸡科和日鹤形目的鹭鹤等。

全身覆盖铁锈绿色羽毛的鸮鹦鹉。

不会飞的原因

　　众所周知，飞机的诞生借鉴了鸟类在天空飞行的原理。对于大多数鸟类来说，在天空飞翔是一种理所当然的能力，但是对于它们来说，飞翔同时也是一个需要耗费大量能量的艰难动作。那么，究竟是什么样的身体结构才导致在陆地和水边生活以及人类饲养下的鸟不会飞的呢？

01 无法产生上升力的羽毛

飞翔在天空的鸟都拥有美丽精巧的羽毛，这些羽毛都具备产生上升力的纤细构造。但是鸵鸟的羽毛就比较稀疏，无法产生上升力。但类似于鸡这种可以短距离飞行的鸟类，羽毛也能产生一定的上升力。

羽枝较粗的鸵鸟羽毛。

02 消失的龙骨突起

在不会飞的鸟类中，有部分已经丧失了鸟类特有的龙骨突起。而带动翅膀的大胸肌就附着在这个突起上，如果没有这块龙骨突起，鸟就没办法支撑起庞大的翅膀，也无法产生出飞翔所需的能量。鸵鸟和鹬鹋之类特化的鸟都不具有龙骨突起。

03 难以抓住树枝的脚趾

在空中飞翔的鸟为了保存体能，通常都会停留在枝头让羽毛休息一会儿。这时候，能够轻松抓住树枝的脚趾就显得尤为重要。鹦鹉拥有两根向前和两根向后的对趾足，但部分不能飞翔的鸟脚趾都已经退化了。

04 过重的身体重量

之所以能飞上天空，最关键的一点就是拥有轻盈的体态。大部分能飞翔的鸟都非常轻，体重在1千克左右，而不会飞的鸟大多都在这个重量之上。帝企鹅的平均体重在20~45千克，可见悬殊巨大。

感情深厚，依偎在一起的帝企鹅母子。

翅膀上一抹惹眼蓝色的模仿达人

>>>

11 松鸦

Eurasian Jay

暗褐色的身体搭配蓝色、黑色格纹花样的标志性翅膀，非常夺人眼球。繁殖期从春天持续到夏初，在松树和杉树等针叶树种上筑巢。

【左】表情呆滞的幼年松鸦。【右】松鸦的叫声嘶哑。在有些地方也被称为"樫鸟"。图为用脚抓住果实的松鸦。

雀形目鸦科松鸦和乌鸦是同伴，全身覆盖着黯淡的暗褐色羽毛，翅膀上的蓝黑格纹给人帅气干练的感觉。因为它们经常用独特的沙哑的嗓音发出"杰——杰——"的叫声，所以，英语圈都把这种鸟称为"jay"。松鸦喜欢模仿，偶尔会发出与其他鸟一模一样的叫声，有时候也会模仿人说话的声音、机械声和急救车的声音。

松鸦广泛分布在东亚、东南亚、俄罗斯南部和非洲等地，喜欢平地和森林，除了以蜘蛛之类的昆虫为食外，还吃植物的种子和果实，尤其喜欢橡子。所以在日本信州、美浓地区，人们又亲切地把它们称为"樫鸟"。跟其他聪明的鸦科鸟类一样，

松鸦的习性是秋天把食物埋在地里，等到冬天的时候再把它挖出来吃。目前已知的亚种大约有30种，分布在不同的地区。

DATA

英文名	Eurasian Jay
学　名	*Garrulus glandarius*
分　布	非洲大陆北部、亚欧大陆中部至南部
分　类	雀形目鸦科松鸦属
体　长	全长33~35厘米
体　重	140~170克

幼年松鸦拥有一双水汪汪圆溜溜的大眼睛。它们会用沙哑的声音模仿链锯等机械的声音。

【上】站在树枝上的松鸦眺望远方。【左下】衔着果实在天空飞翔的松鸦，只有喙尖是黑色的。【右下】
松鸦的雏鸟大约在孵化 20 天后离巢，幼鸟的眼睛稍微带点蓝色。

羽毛只有黑白两色冷酷又帅气的鸟，超级喜欢吃蟹

>>

12 蟹鸻
Crab-plover

雪白的脸庞让黑色的喙显得格外惹眼。蟹鸻的喙又粗又结实，相比之下雄鸟的喙更长。

蟹鸻拥有白色的羽毛和黑色的翅膀，颜色相互交错，还有一双修长的灰色细腿。虽然黑白对比色看起来很漂亮，但在人们的印象里这种鸟的叫声频繁、非常扰民。蟹鸻主要以蟹类为食，又粗又尖的喙非常结实，最适合将甲壳类动物的硬壳咬碎。除了蟹以外，有时也吃小型的软体动物和沙蚕等。蟹鸻广泛分布在印度、斯里兰卡、坦桑尼亚和马达加斯加等多地，具体来说都是栖息在面朝大海的海岸、海涂和河口等特定地带。从解剖学上的特异性来看，该物种是由1科1属1种构成，不过因为外貌与燕子相似，也被认为是燕鸻科的近亲种。

蟹鸻是夜行性动物，捕食的时候

【上】在空中姿态优雅翱翔的蟹鸻。成群结队飞翔时，它们会排成一列或是"V"字形。【左下】水草漂浮的水面伫立着一只蟹鸻雏鸟。【右下】年幼的蟹鸻羽毛是浅浅的灰色。

会20多只聚在一起。进入繁殖期后会大规模地开拓聚集地，然后在距离海岸沙滩1.5米的地方筑巢产卵，雌雄鸟共同抚育雏鸟。即便雏鸟已渐渐长大羽毛变丰满，如果有走不稳的幼鸟，雌雄鸟还是会从海岸边捕捉蟹类来喂它们。长大之前，雏鸟都会留在巢穴里。

DATA

英文名	Crab-plover
学 名	*Dromas ardeola*
分 布	印度洋沿岸
分 类	鸻形目蟹鸻科蟹鸻属
体 长	33~41 厘米
体 重	约 325 克

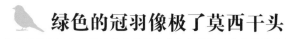

13 绿冠蕉鹃

Guinea Turaco

从头部延伸到颈部的冠羽是绿冠蕉鹃最具代表性的特征。亚种的眼睛上下两侧带有白色的眼线。

【左】与绿冠蕉鹃非常相似的利氏冠蕉鹃，冠羽的顶端呈白色。
【右】黑色的瞳孔周围有红色的眼圈，上下有白色的眼线。

绿冠蕉鹃是原产自非洲的鸟，最大特征是头上耸立的深绿色冠羽。它们的眼睛周围呈红色，全身呈抹茶色，背部到尾巴都是紫褐色。飞翔的时候会张开深红色的飞羽。脚趾是为方便抓住树枝、脚尖而成钩状的对趾足，所以它们主要生活在树上。绿冠蕉鹃的外表看起来酷似同属蕉鹃科的利氏冠蕉鹃，但利氏冠蕉鹃的冠羽顶端有白边。

绿冠蕉鹃分布在撒哈拉沙漠以南的非洲，主要以果实、花和嫩芽为食，栖息在森林和热带稀树草原。雨季开始进入繁殖期，雌雄鸟协力孵卵 21~23 天。刚出生的雏鸟冠羽比较小，全身是接近黑色的深紫色，与一身鲜艳绿色的成鸟完全不像。雏鸟的体色变化从飞羽开始，大概 6 个星期后就能长出和爸爸妈妈一样漂亮的羽毛了。

DATA

英文名	Guinea Turaco
学 名	*Tauraco persa*
分 布	西非、中非（塞内加尔、刚果、安哥拉）
分 类	蕉鹃目蕉鹃科蕉鹃属
体 长	40~50 厘米
体 重	约 300 克

炫目的柠檬黄身体，气势十足

14 大食蝇霸鹟

Great Kiskadee

威风凛凛，面对任何强大的
对手都不怯场，透露出勇敢
的气质。

【左】两只停留在树上的大食蝇霸鹟，形影不离。繁殖期在 3 月左右，会用草木筑成碗形的巢。
【右】站在树上发现昆虫后，伺机捕捉的大食蝇霸鹟。

大食蝇霸鹟的腹部呈柠檬黄色，头部呈黑色，眼睛上方有一条白线，头部中央还有一条穿过眼睛的黑色带状斑纹。属于雀形目霸鹟科，这是鸟类中种类最多的科目，共有 360 种。大食蝇霸鹟全长约 23 厘米，是同科中体型比较大的鸟类。大食蝇霸鹟广泛分布在美国得克萨斯州南部至阿根廷，在西班牙语中，将它们亲切地称为 "bien-te-veo（意思是：我看着你）"，在当地是人气相当高的鸟，备受大家的喜爱。

大食蝇霸鹟主要栖息在深林、果树园、市区，除了以植物、昆虫为食外，还经常吃鱼和蛙类等。大食蝇霸鹟的特征是叫声高亢尖锐，具有穿透力。英文名 "Kiskadee" 就是直接将其独特的叫声拼写出来的单词。与可爱的外表相反，它们的性格急躁且具有攻击性。一旦自己的巢穴受到危险，就算对方是体型比自己大的鸟也会发起挑战，一点也不惧怕。这种无畏的行为在霸鹟科的鸟类里似乎并不少见，因为该科的名字 "Tyrant" 本意就是 "暴君"。

DATA

英文名	Great Kiskadee
学　名	*Pitangus sulphuratus*
分　布	美国得克萨斯州南部、墨西哥南部至加勒比海、阿根廷
分　类	雀形目霸鹟科大食蝇霸鹟属
体　长	21~25 厘米
体　重	52~68 克

生活在古巴森林里的小精灵

》》》》》》》》》》》》》》》》》》》》》》》》》》》》》》》》》》》》》》》

15 杂色短尾鸥
Cuban Tody

杂色短尾鸥是生活在中美洲的鸟，拥有一身荧光色般明亮的黄绿色羽毛，体型圆润，最亮眼的是侧腹部一抹轻柔的粉红色。喉部是红色，扁平的喙上面是黑色，下面呈红色。这种多彩的配色被称为 "multicolor"。

杂色短尾鸥栖息在加勒比海的安的列斯群岛以及周边的岛屿，喜欢干燥的洼地、常绿阔叶林和沿岸的树林。有时会在腐朽的树干里筑巢，也会在黏土质的堤坝挖洞筑巢产卵。鸣叫时会连续发出"咕咕咕咕"的短促音，身体会随之微微地颤动，就像是古巴森林里的小精灵。

【左】相对于娇小的身体而言，头部比较大，喙也比较长。【右】鸣叫时头朝上，身体随之微微颤动的样子非常可爱。

DATA

英文名	Cuban Tody
学 名	*Todus multicolor*
分 布	安的列斯群岛（中美洲）
分 类	佛法僧目短尾鸥科短尾鸥属
体 长	10~11 厘米
体 重	约 59 克

16 白腹锦鸡

Lady Amherst's Pheasant

【左】停在树上的雄鸟。白腹锦鸡学名中的 "*Chrysolophus*" 来源于古希腊语，意思是黄金徽章。【右】雄鸟，雄鸟求爱时鳞片状的羽毛部分会张开把脸遮住。

雌鸟的颜色比较朴素，全身覆盖着鱼鳞状的褐色羽毛。近亲种红腹锦鸡的雌鸟与白腹锦鸡的雌鸟极为相似，而且白腹锦鸡与红腹锦鸡可以轻易交配，故现在杂交种的数量越来越多。

原产于中国西南部和缅甸北部，生活在海拔较高的竹林和森林等地，以谷物、植物和昆虫为食。

白腹锦鸡是拥有独特鱼鳞状斑纹和红色鸡冠的鸡形目雉科鸟类。雄鸟的羽毛颜色属于饱和度较高的红、黄、绿、蓝等色，五彩斑斓。尾巴上方的覆羽非常长，占体长一半以上，还有黑白色的条纹。雄鸟求爱时颈部的鱼鳞状羽毛会迅速膨胀而遮住脸部，然后不停地在雌鸟面前炫耀。相反的，

DATA

英文名	Lady Amherst's Pheasant
学名	*Chrysolophus amherstiae*
分布	中国西南部、缅甸北部
分类	鸡形目雉科锦鸡属
体长	50~150 厘米
体重	620~850 克

协调性出色的鸟，拥有金属光泽的羽毛

>>>

17 金胸丽椋鸟
Golden-breasted Starling

阳光下的羽毛看起来夺目耀眼，属于
椋鸟的同类，因此取名"丽椋鸟"。

金胸丽椋鸟是一种拥有漂亮对比色的鸟，头部是富有光泽的蓝绿色，腹部是明亮的黄色。头部至尾部的闪亮羽毛属于结构色※，羽毛表面的羽小枝上具有反射阳光的细微结构。喙和脚是全黑色，相比于成鸟，幼鸟全身的配色更暗沉。雄鸟与雌鸟非常相似，外形没有太大差异，每年在繁殖期过后都会换一次毛。

金胸丽椋鸟分布在非洲东部埃塞俄比亚至坦桑尼亚一带，生活在热带稀树草原和灌木丛，主要的食物是昆虫、白蚁和蜗牛等。成鸟会袭击飞行中的昆虫，偶尔也会潜入白蚁穴里捕食。

※由光的波长和羽毛下面的细微结构造成的显色。肥皂泡和吉丁虫的翅膀上都能看到这种结构色。

【上】停在树枝上的两只金胸丽椋鸟。繁殖期会用植物的叶子和树根贴在树洞的内侧筑巢。【左下】头部圆润且光泽耀眼，锐利的眼神和尖喙给人印象深刻。【右下】藏在树叶中的金胸丽椋鸟。英文名也叫"royal starling"。

金胸丽椋鸟具有高度的社会性，通常是 3~12 只聚在一起生活。即便是在繁殖期，同一群体的金胸丽椋鸟也会互相帮忙筑巢、哺育雏鸟，这种习性在鸟类中相当少见。雌鸟通常一次产卵 3~5 枚，卵呈淡绿色，表面带有红色的斑点。近年来随着栖息地的扩大，目前已经没有灭绝的危险。

DATA

英文名	Golden-breasted Starling
学 名	*Cosmopsarus regius*
分 布	非洲（索马里、肯尼亚、坦桑尼亚）
分 类	雀形目椋鸟科丽椋鸟属
体 长	15~35 厘米
体 重	18~25 克

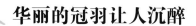

华丽的冠羽让人沉醉

>>>

18 米切氏凤头鹦鹉

Major Mitchell's Cockatoo

冠羽拥有红、黄、白三种颜色的米切氏凤头鹦鹉，属于鹦鹉中体型较大的品种。

【左】张开翅膀飞向天空的米切氏凤头鹦鹉。与蓝天形成耀眼的对比。【右】亲密地将头凑在一起的两只米切氏凤头鹦鹉。

拥有淡粉色身体和白色翅膀的米切氏凤头鹦鹉，被誉为世界上最美的鹦鹉，深受各地爱鸟人士的喜爱。白色的长冠羽展开后能看到红黄色的条纹花样。米切氏凤头鹦鹉擅于模仿人说话的声音和日常生活里的各种声音，记忆力也非常出色。

米切氏凤头鹦鹉分布在澳大利亚西部、中部和东南部，栖息在树木茂密的森林。它的喙又短又粗，非常结实，很容易就能把外壳坚硬的种子啄开。它还喜欢吃果实和昆虫的蛹。

米切氏凤头鹦鹉是鸟类中非常长寿的品种，在饲养环境适宜的情况下最长可以活 40 年左右。世界上最长寿的米切氏凤头鹦鹉是芝加哥动物园饲养的一只名叫"Cookie"的鹦鹉，据推测它的年龄已经有 83 岁。

由于外貌出众，许多人都喜欢饲养米切氏凤头鹦鹉，但因为繁殖难度较高，所以数量稀少，一只的价格甚至超过 6 万元※人民币，相当昂贵。黎明和黄昏时米切氏凤头鹦鹉会发出洪亮的叫声，所以最好是在隔音设备完善的室内饲养。

DATA

英文名	Major Mitchell's Cockatoo
学 名	*Lophocroa leadbeateri*
分 布	澳大利亚
分 类	鹦形目凤头鹦鹉科凤头鹦鹉属
体 长	35~40 厘米
体 重	约 400 克

※注意：在中国，一些鸟类是不允许买卖的。

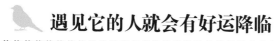

19 凤尾绿咬鹃
Resplendent Quetzal

极其罕见，所以也被称为"梦幻鸟"，据说遇见它的人就会得到幸福。

【左】哥斯达黎加的蒙特沃德自然保护区经常能见到凤尾绿咬鹃。【右】圆润小巧的身体看起来十分可爱。喜欢的食物是野生牛油果和黑莓。

据说手冢治虫的漫画《火鸟》就是以凤尾绿咬鹃为原型的。这种鸟最大的特征是拥有一身祖母绿色的羽毛，红色的腹部富有光泽，还有又长又鲜艳的装饰羽，因此被誉为"世界上最美的鸟"。凤尾绿咬鹃栖息在中部美洲海拔 1200~3000 米的热带云雾林，进入繁殖期后雄鸟的装饰羽最长可以延伸到 65 厘米。古代玛雅人和阿兹特克人将它奉为"大气之神"。凤尾绿咬鹃是危地马拉的国鸟，广受当地人的喜爱。传说凤尾绿咬鹃一旦被夺走自由就会死亡，所以它也是自由的象征。

凤尾绿咬鹃华丽的装饰羽曾被视为极其贵重的装饰品，除了阿兹特克王族等身份高贵的人以外，其他人都禁止佩戴。近年来由于过度滥捕和森林的砍伐，凤尾绿咬鹃的数量在持续减少，不过，哥斯达黎加等一部分地区专门设置了凤尾绿咬鹃栖息地的保护区，但即便在当地也很难见到它们的踪影，想要观察的话建议选择在3—6月的繁殖期。

DATA

英文名	Resplendent Quetzal
学 名	*Pharomachrus mocinno*
分 布	中部美洲（墨西哥西部至巴拿马西部）
分 类	咬鹃目咬鹃科绿咬鹃属
体 长	35~40 厘米
体 重	200~225 克

在黑暗中华丽飞翔的凤尾绿咬鹃。在玛雅、
阿兹特克文明时代，举行神圣的仪式时都会
用到它们漂亮的装饰羽。

20 冠蜡嘴鹀

Red-crested Cardinal

原产于南美，在夏威夷也能经常见到。头部略微倾斜，看起来像在跟大家愉快地打招呼。因为外形可爱，有些国家已经将它作为宠物引进到国内。

【左】专注看向一旁的冠蜡嘴鹀。【右】拥有红色的冠羽，所以有些地区也叫它们"红冠鸟"。

分布在巴西南部、玻利维亚、阿根廷中部等南美地区的冠蜡嘴鹀是一种华丽的鸟，拥有像鸡冠一样的标志性红色冠羽。它们从头部到胸部都是鲜艳的红色，翅膀是灰色，但幼鸟时期头部略带褐色，冠羽较短，喙也是黑色的。另外，相比于雄鸟，雌鸟的羽毛颜色要暗淡一些。黎明前天色灰暗的时候，冠蜡嘴鹀经常会发出婉转清澈的鸣叫声，还会重复交替发出音域高低不同的"啾"和"啾咿"的声音。

冠蜡嘴鹀生活在热带或亚热带的灌木丛、农田和市区等地，通常都是两只或以家庭为小单位活动，在原产地的繁殖期是每年的10—11月。1928年，一位名叫威廉·麦克纳尼的人将这种鸟放养到夏威夷的瓦胡岛，从那以后考艾岛和摩洛凯岛等很多地方都是冠蜡嘴鹀的栖息地。虽然是外来品种，但给游客们留下了非常深刻的印象，甚至是"说到夏威夷就会想起那种头部是红色的鸟"。瓦胡岛最大的城市火奴鲁鲁市内也能看到冠蜡嘴鹀的身影，据说它们已经习惯与人相处，就算靠近也不会飞走。

DATA

英文名	Red-crested Cardinal
学名	*Paroaria coronata*
分布	巴西、乌拉圭、巴拉圭、阿根廷、玻利维亚
分类	雀形目鹀科蜡嘴鹀属
体长	16~19 厘米
体重	约 40 克

像彩色玩具一样，是飞翔在空中的宝石

21 鹳嘴翡翠
Stork-billed Kingfisher

鹳嘴翡翠的羽毛光泽亮丽，在葱郁的森林中格外显眼。眼睛又大又亮，嘴里衔着捕来的小鱼。

【左】停留在电线上的两只鹳嘴翡翠。【右】在枯叶上休息的鹳嘴翡翠。大部分时候它们都在探出水面的细枝上睡觉。

鹳嘴翡翠拥有与身体大小比例不相称的红色大喙，黄褐色的上半身和蓝色的翅膀。别名是"飞翔在空中的宝石"，属于翠鸟科的同类，体长甚至可以达到约 30 厘米。这种大型鸟的配色像玩具一样明亮多彩，还带有金属光泽。它们每隔 5 秒就会重复发出"咔咔咔咔"的尖锐叫声，穿透力极强。

鹳嘴翡翠广泛分布在印度、菲律宾、印度尼西亚等东南亚地区，栖息在小河边的森林和湖畔的湿地林、红树林。除了鱼以外，虾、蟹等甲壳类以及青蛙、蜥蜴等小动物都是它们的食物，而且捕食速度相当迅速。当秃鹫等天敌出现时，它们会一边驱逐入侵者一边守护领地。

成鸟会在河岸和腐朽的树木、白蚁的巢穴中继续挖洞，在里面筑巢。雌鸟通常每次产卵 2~5 枚，卵白色、圆形。即便是在漆黑的夜里，鹳嘴翡翠也能轻巧地停在细枝上。

DATA

英文名	Stork-billed Kingfisher
学 名	*Pelargopsis capensis*
分 布	印度、东南亚（菲律宾、印度尼西亚、加里曼丹岛）
分 类	佛法僧目翠鸟科鹳嘴翡翠属
体 长	30~35 厘米
体 重	143~225 克

鹳嘴翡翠主要生活在海拔 400 米以上的水边，能在较暗的环境里相对清楚地看到猎物。

【上】和同伴分享小鱼的鹳嘴翡翠。【左下】张开全长超过30厘米的大翅膀,全速飞向天空。加里曼丹岛上拥有翠鸟科11种鸟类,鹳嘴翡翠是其中体型最大的。【右下】站在树上的鹳嘴翡翠,耸着肩膀充满戒备。

22 胡锦鸟
Gouldian Finch

胡锦鸟的配色相当艳丽，包括红色、淡蓝色、黄色、绿色等。在中国被称为七彩文鸟。

　　胡锦鸟小巧的身体上覆盖着5种颜色以上的羽毛，是澳大利亚雀类※中最漂亮的。根据头部颜色，胡锦鸟可分为3种，分别是红头、黄头和黑头。大部分胡锦鸟的胸部呈紫色，腹部呈黄色，背部呈绿色，但个体配色的差异较大，圆锥形的喙尖颜色也各不相同。长长的尾羽顶端分叉成剪刀形，非常特别。

　　原产于热带雨林气候的澳大利亚北部，也生活在树木稀疏的干燥草原和红树林地区。除繁殖期以外，胡锦鸟都在广阔的栖息地活动，喜欢吃禾本科的植物种子和昆虫等。胡锦鸟外形漂亮，是人气极高的宠物，但其实它们不太喜欢接近人，性格比较神经

※雀类（finch）指雀形目燕雀科的鸟，包括裸鼻雀科、雀科、梅花雀科等。

【上】躲在硕大树叶下的胡锦鸟，浅紫色的胸部非常漂亮。
【左下】整齐排列在枝头的胡锦鸟。每只鸟的配色都不同，
这也是它们的魅力之一。【右下】头部红色、胸部白色、躯
干浅黄色的配色非常罕见。

质，据说肢体接触也是让它们产生压
力的原因之一。另外，这种鸟原产于
温暖的澳大利亚，所以十分怕冷，饲
养时室温通常需要保持在 25 ℃以上。

　　近年来，由于宠物市场需求造成
的滥捕和蜱螨引发的感染症，胡锦鸟
的数量大幅减少，已被认定为具有灭
绝危险的鸟类。

DATA

英文名	Gouldian Finch
学 名	*Chloebia gouldiae*
分 布	澳大利亚
分 类	雀形目梅花雀科文鸟属
体 长	12.5~18 厘米
体 重	15~25 克

拥有七彩羽毛、性格活泼的鹦鹉，超级喜欢花蜜

>>>>>>>>>>>>>>>>>>>>>>>>>>>>>>>>>>>>>>

23 彩虹鹦鹉

Rainbow Lorikeet

栖息在雨林和森林地区，拥有一身彩色羽毛的鸟。雌雄个体之间的差异较小，雌鸟的脸形更圆。

彩虹鹦鹉会像蝴蝶一样吸食花蜜和花粉，拥有漂亮的彩虹色羽毛。全身配色的整体基调是鲜艳的原色，但胸部的黄色和橙色斑纹尤为突出，光彩夺目，拥有20多种不同配色的亚种。这些品种称为"Lory/Lorikeet"（吸蜜鹦鹉），它们舌头的形状像刷子，方便吸食花蜜和花粉。

彩虹鹦鹉分布在澳大利亚及其周边和东南亚等地，栖息在森林和海岸沿线的灌木林中。主要食物是花蜜和花粉，也吃植物的果实和昆虫等。它们会成群生活在聚集地，叫声高亢，听起来像悠扬的口哨。

彩虹鹦鹉性格活泼，与人亲近，适合作为宠物饲养。有时会在人的手

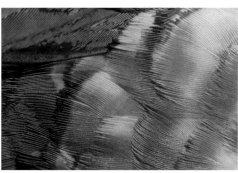

【上】张开翅膀后颜色愈发鲜艳。炎热的夏季喜欢在水里洗澡。【左下】虹膜呈红色，喙是深橘色。勉强能看到形状像刷子一样的舌头。【右下】羽毛由各种颜色混合而成。

掌上打滚，露出憨厚可爱的样子逗主人开心。彩虹鹦鹉聪明伶俐，经过训练后可以记住人的名字，甚至还能站立在主人的手上，让主人觉得非常有成就感。只不过，在室内饲养时必须做好防止叫声扰民的隔音处理工作。

DATA

英文名	Rainbow Lorikeet
学　名	*Trichoglossus haematodus*
分　布	澳大利亚、印度尼西亚、巴布亚新几内亚、新喀里多尼亚、所罗门群岛、瓦努阿图
分　类	鹦形目鹦鹉科彩虹鹦鹉属
体　长	25~30 厘米　体　重 75~157 克

【左上】顶端又细又尖的鲜绿色尾羽是彩虹鹦鹉的特征之一。
【左下】在树枝上一字排开的彩虹鹦鹉。作为宠物饲养时，与其他以谷物为食的鹦鹉和凤头鹦鹉不同，彩虹鹦鹉需要吃具有黏性的专用食物。
【右】性格活泼，喜欢社交，能与其他鸟类友好相处。

世界上最危险的鸟

世界上既然有美到让人窒息的鸟，那自然也会有人类一旦靠近就会陷入危险的鸟。下面要介绍的这些鸟有的具有攻击性，有的拥有惊人的身体能力，还有的甚至有致命的毒性，它们被认为是世界上"最危险的鸟"。

NO.01

鹤鸵

力大

拥有吉尼斯世界纪录级的踢力

鹤鸵是现存鸟类中最具危险性的品种之一，生活在巴布亚新几内亚和澳大利亚的热带雨林，曾被吉尼斯世界纪录认定为世界上最危险的鸟。鹤鸵是形似鸸鹋的大型鸟，三根脚趾都有锋利的钩状指甲，又粗又结实的两只腿表面还覆盖着坚硬的鳞片。通常情况下，鹤鸵比较温顺，但受到威胁时会连续踢腿，被击中的人甚至有可能丧命。

NO.02

非洲冠雕

凶暴

飞翔在空中的豹子

分布在非洲热带雨林的非洲冠雕，甚至能抓住质量达35千克的猎物，是非洲体型最大的鹰。体长约90厘米，双翼展开可达2米，拥有锋利指甲的爪握力能达到惊人的100千克，简直就是凶器。通常都在森林里沿低空飞行，伺机寻找猎物。捕捉到最喜欢的猎物——猴子和蹄兔时，非洲冠雕会将它们的头盖骨击碎，有时猎物甚至当场死亡。由于攻击性非常强，当地人将非洲冠雕称为"飞翔在空中的豹子"，可见它们多么令人惧怕。

剧毒

NO.03

棕鳭鹟

致命性剧毒

小巧的浅米褐色身体，圆溜溜的瞳孔，与可爱的外形相反，棕鳭鹟其实是具有剧毒的鸟类，它能够分泌出一种神经毒素，成分与中南美洲箭毒蛙蕴含的箭毒蛙碱类似。据说区区1毫克就能杀死两头大象，威力十足。人类一旦碰到就会引起肌肉和神经萎缩，导致心律不齐，所以千万不要误触到。

番外篇

林鸮

分布在墨西哥南部至巴拉圭一带的林鸮拥有一双炯炯有神的黄色瞳孔及扁平的大嘴巴，属于夜行性鸟类。林鸮本身没有危险性，但外形看起来像恐怖电影里的角色，经常会吓到人。

巨大的三色喙是捕获猎物的利器

>>>

24 厚嘴巨嘴鸟

Keel-billed Toucan

喙基本上都是由3种颜色组
成，但有的喙还包括第4种
颜色——淡蓝色。

【左】喜欢亲近人，爱撒娇，它们还会用巨大的喙和人玩耍。【右】厚嘴巨嘴鸟大多数时间都在树上生活，脚的形状方便抓住树枝。

厚嘴巨嘴鸟分布在墨西哥东南部至哥伦比亚北部以及委内瑞拉西北部，主要生活在热带的森林里。最大特征是巨大的黄绿色、橙色、红色三色喙，脸到胸部呈明亮的黄色，背部到尾巴呈黑色，全身覆盖着五彩斑斓的羽毛。英文名中的"keel"是因为弓形的喙让人联想起船。

一眼看上去，长长的喙感觉很厚重，但实际上它是由一种名为角蛋白的物质构成，内部都是稀疏的小孔，因此非常轻，可以自如地摘取形状较小的果实。厚嘴巨嘴鸟是杂食性动物，喜欢吃多种水果，但偶尔也吃昆虫和蜥蜴。它们会把捕捉到的猎物先抛向空中，然后再吃下去，这种方式独一无二。

与光彩夺目的漂亮外形相比，厚嘴巨嘴鸟"咕咕"的叫声听起来酷似雨蛙，十分独特。由于不是很擅于飞翔，它们都是在树枝之间飞来飞去地移动。

DATA

英文名	Keel-billed Toucan
学 名	*Ramphastos sulfuratus*
分 布	墨西哥东南部至哥伦比亚北部、委内瑞拉西北部
分 类	鴷形目巨嘴鸟科巨嘴鸟属
体 长	42~65 厘米
体 重	380~500 克

25 红腹啄木鸟

Red-bellied Woodpecker

在枯木等质地较为松软的树洞里筑巢，以此躲避老鹰和蛇等天敌的袭击。

【左】红腹啄木鸟习惯把食物藏在树洞或岩石缝隙里。【右】除了橙子等水果之外，还喜欢吃白蜡窄吉丁的幼虫等。

红腹啄木鸟头顶橙色的羽毛让人联想到帽子，翅膀像披着一件条纹大衣。红腹啄木鸟拥有又尖又长的喙，与在树干凿洞的啄木鸟是近亲。锯齿状的长舌灵巧敏捷，能把藏在洞深处的虫子抓出来。有时还能捕捉到像独角仙这样的大型昆虫，令人称奇。英文名中的"Red-bellied"的意思是"红色的腹部"，特指成年雌鸟的腹部。雌鸟头顶的羽毛呈浅灰色，只有颈部后侧有橙色。

红腹啄木鸟主要栖息在北美洲东部的森林、湿地和公园等地的落叶林里，以白蜡窄吉丁的幼虫和植物的果实为食。众所周知，红腹啄木鸟是一种比较聒噪的鸟，进入繁殖期后为了引起心仪对象的注意，它们会像鼓手一样展示自己，用喙轻轻敲击中空的树木、铝制的房檐或是都市里的变压器，以这种方法和同伴进行交流。红腹啄木鸟非常聪明，能很快适应和利用人类创造的环境。

DATA

英文名	Red-bellied Woodpecker
学　名	*Melanerpes carolinus*
分　布	美国东部
分　类	䴕形目啄木鸟科啄木鸟属
体　长	23~27 厘米
体　重	58~68 克

一身火红、脾气暴躁的鸟，俘获人心

>>

26 主红雀
Northern Cardinal

火焰一样通红的身体，从侧面看身体呈半月形。

　　主红雀全身被鲜艳的红色羽毛包裹，只有脸部有些许黑色，喙比较短，稍微带点弧形。如此具有冲击力的外形让人过目难忘，被美国的七个州指定为州鸟，是北美最受喜欢的鸟类之一。另外，主场位于密苏里州的美国职业棒球大联盟球队圣路易红雀队的吉祥物就是主红雀，其形象深入人心。

　　以前主红雀主要分布在美国东南部等比较温暖的地区，受环境变化的影响，栖息地不断扩大，最北边可到加拿大，最南边可到危地马拉。主要生活在广袤的森林、灌木林和湿地，偶尔也会出现在人类居住的民宅和庭园附近。主红雀性格外

072

【上】停留在挂满果实的树枝上。雄鸟一身红色是成熟的象征。【左下】身体颜色在积雪映衬下相当醒目。【右下】繁殖期会成双成对地行动。雌鸟的羽毛呈暗淡的黄褐色。

向，喜欢与人相处，但雄鸟为了守护自己的地盘，也会露出具有攻击性的一面。一旦有其他雄鸟侵入自己的地盘，就会用尖叫声震慑对方，甚至会发动进攻。有时候会把自己映在镜子里的影子误认为是入侵者，径直冲上去。可见，主红雀也有性子暴躁、易怒的一面。

DATA

英文名	Northern Cardinal
学 名	*Cardinalis cardinalis*
分 布	加拿大东南部、美国、墨西哥、危地马拉
分 类	雀形目美洲雀科主红雀属
体 长	20~23.5 厘米
体 重	42~51 克

用一双酷似火烈鸟的绯红色翅膀在天空中起舞

27 美洲红鹮
Scarlet Ibis

用一双张开后大约有 100 厘米宽的巨大翅膀在天空起舞。刚出生时全身的羽毛都是黑色，随着长大慢慢变红。

　　美洲红鹮分布在哥伦比亚至巴西北部等南美地区，主要栖息在海岸和河岸的红树林。包括其他品种在内，最多有 1 万多只不同的鸟类成群生活在一起。美洲红鹮主要的特征是进入繁殖期后，身上的羽毛就会变成浓郁的三文鱼粉色，正因如此才将它的英文名定为 "Scarlet Ibis"（绯红色的鹮）。

　　向下弯曲的长喙呈浅红色，仅有翅膀尖呈黑色，幼鸟全身覆盖着黑褐色的羽毛。美洲红鹮主要以蟹和小龙虾等含有红色素的甲壳类动物为食，因此出生后 2~3 年，羽毛会渐渐变成红色。

　　除了食入甲壳类的动物之外，

【上】美洲红鹮张开傲人的大翅膀。被位于加勒比海的特立尼达和多巴哥共和国指定为国鸟。
【左下】一只美洲红鹮正在用灵巧的长喙啄理羽毛。
【右下】伫立岸边正在寻找水中的食物。

鱼、青蛙和水生昆虫也是它们捕食的目标。春夏两季是美洲红鹮的繁殖期，这时候雄鸟会通过用喙制造声音、啄理羽毛和振翅高飞等方式吸引雌鸟的注意。美洲红鹮是极少数栖息在岸边，又拥有一身红色羽毛的鸟类，非常珍贵，但随着近年来栖息地的减少，同样有濒临灭绝的危险。

DATA

英文名	Scarlet Ibis
学 名	*Eudocimus ruber*
分 布	南美洲
分 类	鹳形目鹮科美洲鹮属
体 长	55~68 厘米
体 重	775~925 克

尖利的喙表面有深褶皱的怪鸟

>>>

28 花冠皱盔犀鸟
Wreathed Hornbill

又大又尖的喙内部呈海绵状，
飞翔时会发出高亢的叫声。

【左】并肩站在一起的两只花冠皱盔犀鸟。从凸起的褶皱推测，靠前的应该是幼鸟。【右】两只相亲相爱的花冠皱盔犀鸟正在传递喙尖的食物，互相交流。雌鸟的蓝色喉囊看起来很清爽。

拥有像狮子鬃毛一样丰满的羽毛、鲜艳的黄色喉囊以及巨大的喙，集这些特征于一身的就是佛法僧目犀鸟科拟皱盔犀鸟属的花冠皱盔犀鸟。喙上部凸起的深刻皱纹，看起来像犀牛的角。这些皱纹每年会增加一条，因此可以通过它来推测花冠皱盔犀鸟的寿命，一直可以推测到7岁左右。花冠皱盔犀鸟眼周呈紫红色，尾羽呈白色；躯干覆盖着黑色的羽毛，不过雄鸟的脸至胸部掺杂着白色和茶色的羽毛。雄鸟的喉囊是黄色，雌鸟的则是蓝色，非常容易分辨出性别。

花冠皱盔犀鸟主要分布在印度东部和中国东南部等亚洲各地，栖息在山麓和山地的热带雨林中。花冠皱盔犀鸟会利用距离地面较高的树洞筑巢，繁殖期的雌鸟会在巢穴里待一段时间闭门不出，全心产卵、照顾雏鸟。雌鸟进入巢穴后，雄鸟就会用泥等东西将整个巢穴加固，仅留下一条勉强够喙通过的缝隙，雄鸟通过这条缝隙把水果和昆虫等食物送到里面。

DATA

英文名	Wreathed Hornbill
学 名	*Rhyticeros undulatus*
分 布	印度、不丹、印度尼西亚、中国，东南亚地区
分 类	佛法僧目犀鸟科拟皱盔犀鸟属
体 长	75~100 厘米
休 重	1300~3700 克

29 紫蓝金刚鹦鹉

Hyacinth Macaw

样貌可爱，黄色的眼圈相当显眼，坚硬的喙甚至可以敲碎骨头。

　　紫蓝金刚鹦鹉是拥有一身靛蓝色羽毛的大型鹦鹉，因其数量稀少价格高而被誉为世界上最贵的鹦鹉，售价高达 36 万元人民币。眼睛周围和喙下方的局部没有羽毛，能够露出鲜艳的黄色皮肤。钩状的上喙非常结实，能轻松敲碎椰子和贝类的硬壳。因为身体颜色与风信子花类似，所以也叫作"风信子金刚鹦鹉"。

　　紫蓝金刚鹦鹉分布在巴西至玻利维亚东部、巴拉圭一带的南美地区，栖息在热带稀树草原、湿地和干燥的树林中。习惯三三两两地聚集在一起，以小团体的形式行动，在树洞和岩石缝隙间筑巢，孵卵时间大约为 1 个月。

【上】黄昏时停留在枝头望向镜头的两只紫蓝金刚鹦鹉。交配后雌鸟会产下 2~3 枚卵，孵卵大约 1 个月后雏鸟诞生。【左下】突然从树上探出头的紫蓝金刚鹦鹉。【右下】张开大翅膀，从容地飞上蓝天。

　　奉行一夫一妻制的紫蓝金刚鹦鹉会与同一伴侣共度一生。

　　紫蓝金刚鹦鹉叫声尖锐，故作为宠物饲养时尤其要注意室内的隔音。近年来因宠物市场需求造成的滥捕和栖息地的破坏，导致紫蓝金刚鹦鹉的数量锐减，《华盛顿公约》将其认定为灭绝危险系数高的鸟类。

DATA

英 文 名	Hyacinth Macaw
学 名	*Anodorhynchus hyacinthinus*
分 布	巴西、玻利维亚、巴拉圭
分 类	鹦形目鹦鹉科蓝金刚鹦鹉属
体 长	90~100 厘米
体 重	1200~1700 克

脸颊泛着樱桃红，跳起欢快的求爱舞

>>

30 红颊蓝饰雀
Red-cheeked Cordon-bleu

红颊蓝饰雀清爽的蓝色羽毛极具魅力。红色脸颊是雄鸟的标志性特征，雌鸟和年幼的雄鸟的脸颊上没有红色。

【左】在树上或草木繁茂的地方用枯草修筑出球状的巢穴，每次产下 4~5 枚白色的卵。【右】口渴时聚集到饮水地的红颊蓝饰雀。

红颊蓝饰雀雄鸟脸颊上的火红色斑点极富魅力，是一种相当惹人喜爱的鸟。鲜艳的绿松石蓝羽毛耀眼漂亮，在有的地方也叫"青辉鸟"，被爱鸟人士比喻为蓝宝石。小巧的体型，长长的尾巴，喙带有弧线。

雄性红颊蓝饰雀求爱的时候，嘴里会衔着羽毛或植物纤维等筑巢的材料，同时蹦蹦跳跳、叽叽喳喳地吸引雌鸟的注意。此时还会听到"啪嗒啪嗒"的声音，这是情投意合的雄鸟与雌鸟一起高速踏步，猛烈击打脚下树枝的声音。踏步的速度极快，以至于肉眼根本无法确认，在高速摄像机下，看起来就像疯狂的舞步一样。

红颊蓝饰雀分布在撒哈拉沙漠以南的非洲，栖息在热带稀树草原、农田和村落等广泛的地域。通常是成双成对或者以家庭为单位，少数群体一起行动，喜欢小米、黍米等植物的种子。红颊蓝饰雀不耐寒，作为宠物在室内饲养时，温度至少要保持在 15 ℃以上。另外，这种鸟喜欢干燥的环境，因此还需要注意控制房间的湿度。

DATA

英文名	Red-cheeked Cordon-bleu
学 名	*Uraeginthus bengalus*
分 布	非洲东部、坦桑尼亚、赞比亚
分 类	雀形目梅花雀科蓝饰雀属
体 长	12.5~13 厘米
体 重	9~11 克

31 斯里兰卡蓝鹊
Ceylon Magpie

【左】喜欢模仿其他鸟的声音，雨天时声音尤其大。
【右】在辛哈拉加森林保护区能观察到 20 种固有的鸟类。

斯里兰卡被誉为丰富的自然宝库，这里栖息的野生鸟类大约有 250 种，可谓是野生鸟类的乐园，而其中最具代表性的固有品种就是拥有红色喙和脚、蓝色身体，颜色对比浓烈的斯里兰卡蓝鹊。从分类上看，斯里兰卡蓝鹊属雀形目鸦科，是乌鸦的同类，但它们披着一身彩色的羽毛，长长的尾巴上还有黑白色的条纹。

斯里兰卡蓝鹊主要栖息在湿地、丘陵和低洼的热带常绿树叶林中，以及海拔 2100 米以下的茶园，通常是 6~7 只聚集在一起生活。以昆虫、蜥蜴和青蛙等为食，捕食时偶尔会在树枝上头朝地悬垂下来，姿势像杂技演员一样。叫声的频率比较快，声音高亢，午后到傍晚时分尤为嘹亮。

DATA

英文名	Ceylon Magpie
学 名	*Urocissa ornata*
分 布	斯里兰卡
分 类	雀形目鸦科蓝鹊属
体 长	40~47 厘米
体 重	190~200 克

世界上最小的鸟和最大的鸟

在世界上大约 1 万种的鸟当中，你知道最小的鸟和最大的鸟是什么吗？现存鸟类中，古巴固有的品种吸蜜蜂鸟是最小的鸟类，体长只有 4~6 厘米，因为会像蝴蝶一样吸食花蜜而被人们熟知。吸蜜蜂鸟的翅膀每秒钟振动可达 50~80 次，擅长在空中静止"悬停"，即便在强风中也能平稳地飞行。

另一方面，世界上最大的鸟是在动物园里也能看到的鸵鸟。最大的鸵鸟体长达 3 米左右，巨大的体型相当于吸蜜蜂鸟的 50~75 倍。大家都知道鸵鸟不会飞，但它拥有超乎寻常的脚力和令人赞叹的速度，奔跑时的最高时速可达 70 千米。另外，鸵鸟的腿部发达又结实，踢力也不容小觑，强度可达每 4.8 吨/100 平方厘米。

鸵鸟
体长 1.9~3米
体重 300~650千克

75倍

吸蜜蜂鸟
体长 4~6厘米
体重 2克

生活在非洲热带稀树草原的雄鸵鸟正在寻找食物。

吸蜜蜂鸟正在利用它尖尖的喙，灵巧地吸食鲜艳花朵的花蜜。

让人倍感治愈的大鹦鹉，有柔软蓬松的白羽毛

32 白凤头鹦鹉

White Cockatoo

身形较大，性格沉稳。与头上带有黄色羽毛的"小葵花鹦鹉"非常相似。

【左】高声大叫的白凤头鹦鹉，白色伞状的冠羽倒立起来，看起来像是在对我们的镜头发出警告。
【右】从树荫下探出头的白凤头鹦鹉。每年 1—5 月会在树洞里筑巢。

白凤头鹦鹉是全身长着纯白色羽毛的鸟，胖墩墩的体形惹人喜爱。它们是印度尼西亚东北部摩鹿加群岛的固有品种，生活在海拔 600 米以下的森林和耕地周围。尾羽和翅膀下方隐约可见淡黄色的羽毛，雄鸟的瞳孔呈黑色，雌鸟呈红褐色。后方稍微弯曲的漂亮冠羽张开后形状像雨伞一样，所以白凤头鹦鹉的英文名又叫"Umbrella Cockatoo"。

白凤头鹦鹉是昼行性动物，白天时通常会成双成对地活动或是小范围聚集，但夜晚会形成 50 只左右的群体，集中在树上睡觉。性格爱撒娇，与人亲近，喜欢和主人进行肢体接触，所以是人气相当高的宠物。但是它的叫声高亢嘹亮，饲养时必须要注意隔音。另外，白凤头鹦鹉咬东西力道十足，日常要多加训练，以免其养成咬东西的坏习惯。白凤头鹦鹉平均寿命长达 40 年，据说有的白凤头鹦鹉可以活到 70 岁。

现在，由于森林的乱砍滥伐，白凤头鹦鹉的个体数量大幅减少，各国都在尝试人工繁殖。

DATA

英文名	White Cockatoo/Umbrella Cockatoo
学 名	*Cacatua alba*
分 布	印度尼西亚（摩鹿加群岛）
分 类	鹦形目凤头鹦鹉科凤头鹦鹉属
体 长	45~46 厘米
体 重	440~650 克

将安第斯的天空染成樱红色的华丽红鹳

33 智利红鹳
Chilean Flamingo

伫立在湖中的智利红鹳。长长的喙把泥送入嘴里,再用舌头将水生昆虫等食物过滤出来吃掉。

北至厄瓜多尔、南至阿根廷的南美地区是智利红鹳的栖息地,全身覆盖着华丽如樱花般浅粉色的羽毛。红鹳科的其他鸟类大多拥有一双粉红色的脚,但智利红鹳的脚却是灰色的,只有蹼和关节部分呈深粉色,这是它们的标志性特征。

喜欢山地盐湖的智利红鹳也会在安第斯高原栖息,成千上万只聚集在一起,形成庞大的鸟群。成群起飞时,它们将整片天空染成粉红色的样子相当震撼,被誉为南美特有的绝妙景象。与其他红鹳一样,它们主要以浮游藻类、水生昆虫和浮游生物为食,这些食物中富含 β – 胡萝卜素等营养素会导致羽毛变红。因此,虽然

【上】从正中间弯曲的喙根部呈白色，中心至顶端呈黑色。【左下】翅膀张开可达 120~150 厘米。【右下】水花四溅洗澡的样子。野生智利红鹳大多生活在湖边，安第斯山脉海拔 4500 米的高原也有它们栖息的身影。

刚生下来的雏鸟全身都是白色的，但随着不断长大，羽毛就会渐渐变成红色。雌雄鸟会用一种名为"红鹳奶"——富含蛋白质、脂肪，营养丰富的红色分泌物哺育雏鸟。这种奶不仅是雌鸟，雄鸟也会分泌。

DATA

英文名	Chilean Flamingo
学 名	*Phoenicopterus chilensis*
分 布	厄瓜多尔、秘鲁、智利、巴西、阿根廷、玻利维亚
分 类	红鹳目红鹳科红鹳属
体 长	100~130 厘米
体 重	2500~3500 克

以时速 80 千米潜入海里专心游泳的快乐偶像

34 北极海鹦
Atlantic Puffin

漂亮的外形让造访北极圈的游客为之着迷，仿佛从漫画里飞出来的北极海鹦。

　　北极海鹦最大的特征是耀眼夺目的橙色喙和走起路来像企鹅一样摇摇晃晃的样子。别名"海上小丑"的滑稽模样让其非常有人气，有些地区的人们更是将它们亲切地称为"善知鸟"。北极海鹦的外形小巧，很难让人想象它们是游泳健将。入水后，它们会高速拍打小小的翅膀，最大时速可达惊人的每小时 80 千米。另外，北极海鹦的体表具有完美的防水性，可以潜入水下 60 多米。

　　北极海鹦主要分布在以冰岛为中心的北极圈和欧洲北部，一年中的大部分时间都在海上度过。

【上】飞翔在天空的北极海鹦，翅膀张开约 60 厘米。在水里用翅膀进行拍水，据说每分钟可以拍打 400 次。【左下】聚集在悬崖峭壁岩石地带的北极海鹦。气候温暖的时候，它们会停留在北大西洋沿岸和周围诸岛的陆地。【右下】雌鸟嘴里衔着从海里捕到的小鱼准备回去喂巢里嗷嗷待哺的雏鸟。

北极海鹦的食物以鲱鱼、白无须鳕※等鱼类为主，用锯齿状的细喙一口气可以捉到 40 只小鱼。繁殖期会离开海洋，在北大西洋沿岸和周边诸岛的悬崖峭壁上筑巢。求爱时雌雄鸟会用喙互相啄来啄去，这种独特的习性会让看见的人觉得颇为有趣。

DATA

英文名	Atlantic Puffin
学 名	*Fratercula arctica*
分 布	冰岛、格陵兰岛、英国等欧洲北部、北美
分 类	鸻形目海雀科海鹦属
体 长	28~34 厘米
体 重	380~450 克

※鳕形目无须鳕科的海水鱼。

【左上】在略微高起的岩石上环顾四周的北极海鹦。黑色的身体加上橙色的脚酷似企鹅。【左下】繁殖期会在面朝大海的悬崖峭壁上集体筑巢。【右】宽大的喙纵向分布着数条细纹。样子看起来有点滑稽，正好符合它们的绰号"海上小丑"。

35 大鸨

Great Bustard

DATA

英文名	Great Bustard
学 名	*Otis tarda*
分 布	乌克兰、哈萨克斯坦、西班牙、中国、德国等
分 类	鸨形目鸨科鸨属
体 长	75~105 厘米
体 重	3~18 千克

【左】冬日，寒空中起舞的大鸨。初级飞羽呈黑色，次级飞羽仅有顶端呈黑色。【右】伫立在枯草中看着远方。雌鸟通过检查雄鸟的臀部来判断对方是否健康。

　　大鸨是拥有 27 种鸟类的鸨科中最重的大型鸟。英文名意为"大块头"，雄鸟的体重最大可达 18 千克，与其他鸟类相比，体格相差悬殊。背部是带有黑色细条纹的黄褐色，繁殖期雄鸟喉囊会膨胀，张开翅膀和尾羽，向雌鸟展示胸部和尾巴上的纯白色羽毛。

　　大鸨分布在欧亚大陆，在中国和欧洲东部繁殖的个体会迁徙到西亚过冬。不过，也会有不迁徙的留鸟。杂食性的大鸨喜欢果实和昆虫，雄鸟为了引起雌鸟的注意，会吃有毒的甲虫，它们利用虫的毒性驱除肠内的寄生虫，这对雌鸟来说相当具有吸引力。

36 瑰色鸲鹟

Rose Robin

【左】圆溜溜的瞳孔盯着前方的瑰色鸲鹟。与同样拥有粉色胸部和灰色翅膀的"粉红鸲鹟"是近亲。【右】雌鸟没有粉色的羽毛。

DATA

英文名	Rose Robin
学 名	*Petroica rosea*
分 布	澳大利亚
分 类	雀形目鸲鹟科岩鸲鹟属
体 长	约 11 厘米
体 重	约 12 克

瑰色鸲鹟拥有鲜艳的亮粉色胸部和带有弧线的外形，背部呈灰色、尾巴呈白色，喙又短又小，见过一次之后任谁都会迷上。鲜艳的羽毛是雄鸟独有的特征，雌鸟的羽毛呈灰褐色。

瑰色鸲鹟栖息在昆士兰州至南澳大利亚东南部的热带雨林，在枝头窜来窜去的同时捕食蜘蛛、蜜蜂、蝉和甲虫等昆虫。每年 9 月至次年 1 月是繁殖期，它们会在距离地面 10~20 米高的大树上，利用青苔和蕨类植物修筑巢穴。巢穴的样子看起来像较深的杯子，里面会铺上它们自己的羽毛。

几乎不动窝的鸟类，拥有锐利目光

>>>

37 鲸头鹳
Shoebill

【左】在水边捕食的鲸头鹳。学名在拉丁语中是"鲸头国王"的意思。【右】站在树荫下，一身灰蓝色的羽毛，背对镜头的样子看起来就像一件摆设。

DATA

英文名	Shoebill
学 名	*Balaeniceps rex*
分 布	乌干达、刚果、赞比亚、苏丹、坦桑尼亚等
分 类	鹳形目鲸头鹳科鲸头鹳属
体 长	100~140 厘米
体 重	4000~7000 克

　　鲸头鹳目光锐利，一动不动停在那里的样子非常独特，这种"不动鸟"曾经引起过一阵风潮。它们主要栖息在非洲东北部白尼罗河及其支流流经的地域，是一种大型鸟。硕大的喙尤为突出，因为其重量过大导致很难保持住身体的平衡，所以大部分时候它们都是缩着脖子。鲸头鹳喜欢在夜里活动，会静静地在水边伏击肺鱼等鱼类，还有青蛙和蛇，一旦猎物靠近，它们就会迅速捕食。

　　这种鸟喜欢单独行动，极为自我，但是面对不想搭理的伙伴，偶尔还是会表现出礼貌的拒绝行为。近年来由于农田开发等造成栖息环境的破坏，据说鲸头鹳的数量已经不足 1 万只。

38 须拟䴕

Bearded Barbet

【左】有的地方也叫它们"五色鸟",源于头部和颈部的配色。【右】两只须拟䴕亲密地停在枝头。喙呈粗圆锥形。

DATA

英文名	Bearded Barbet
学 名	*Lybius dubius*
分 布	非洲中西部(塞内加尔至尼日利亚、乍得、非洲中部一带)
分 类	䴕形目非洲拟啄木鸟科拟啄木鸟属
体 长	23~26 厘米
体 重	80~100 克

黄色的喙根部长满浓密的胡须,胖墩墩的体形是须拟䴕的特征。眼睛周围呈黄色,喉部和腹部覆盖着毛绒绒的红色羽毛,强烈的对比色让人过目难忘。

须拟䴕分布在撒哈拉沙漠以南的非洲中西部,生活在猴面包树和相思树等树木茂密的干燥森林。厚厚的喙不是特别锐利,相比于坚硬的树木,须拟䴕更喜欢在枯树等质地比较柔软的树上筑巢。每当5—9月的繁殖期迫近时,雄鸟为了吸引雌鸟的注意,会喋喋不休地发出各种各样的叫声,摆弄尾巴热情地展示自己。雌鸟每次产卵大约2枚,16天左右孵化出雏鸟。主要以无花果和其他植物的果实为食。

彩色的温柔巨人，寿命最长可达 80 岁

>>>

39 红绿金刚鹦鹉
Green-Winged Macaw

张开彩色的翅膀翱翔在天空的红绿金刚鹦鹉，性格成熟稳重，因此被称为"温柔的巨人"。

【左】锐利的眼睛周围有红色的线条。【右】南美洲引以为傲的巨型鸟，但近年来数量不断减少，被世界自然保护联盟（IUCN）红色名录列为"易危"品种。

红绿金刚鹦鹉拥有红、蓝、绿等色彩斑斓的漂亮羽毛，它们广泛分布在巴拿马至南美洲的森林里，属于鹦形目鹦鹉科。羽毛的基调是红色，经常会与同科的金刚鹦鹉搞混，但红绿金刚鹦鹉的翅膀下方有绿色的边，而且眼睛周围有红色的线条。它在金刚鹦鹉属中体形最大，翅膀张开后全长可达120厘米，喙比较厚而且结实，可以轻松地咬开坚硬的果仁和叶子。

红绿金刚鹦鹉通常是成双结对或以家庭为单位行动，在距离地面15~20米高的乔木树洞里筑巢。雌雄鸟一起协力养育雏鸟，红绿金刚鹦鹉一旦认定对方就会相伴到老。

大多数鹦鹉科的鸟叫声都比较聒噪，但红绿金刚鹦鹉则比较成熟稳重。性格中有胆小、敏感的一面，所以在压力较大的环境中生活时，会过度地拔自己的羽毛而引发脱毛症，或者是出现自咬症，会不停地咬自己的皮肤和肉。寿命可长达50年以上，曾有过红绿金刚鹦鹉活到80多岁的记录。

DATA

英文名	Green-Winged Macaw
学 名	*Ara chloropterus*
分 布	巴拿马至南美
分 类	鹦形目鹦鹉科金刚鹦鹉属
体 长	100 厘米
体 重	1000~1700 克

>>

40 巴西厚嘴唐纳雀
Brazilian Tanager

得意洋洋衔着食物的样子。虽英文名中带有"Brazilian（巴西的）"一词，但在阿根廷也经常能见到它们的身影。

　　巴西厚嘴唐纳雀拥有气质出众的深红色身体，配上黑色的翅膀，形成了强烈的对比。它们是巴西东部及阿根廷东北部的固有鸟类，栖息在热带气候的森林和沼泽，偶尔在都市的公园等地也会看到它们的身影。喜欢在水边活动，在巴西，面朝大西洋的地域经常能看到它们。雄鸟的翅膀呈明亮的鲜红色，尾羽呈黑色。喙短而结实，喙底部有白色的斑点，非常有辨识度。雌鸟的颜色朴实，除了茶色的腹部，全身都覆盖着暗淡的灰褐色。

　　巴西厚嘴唐纳雀属于杂食性动物，喜欢香蕉、木瓜和番石榴等热带特有的水果。尤其是在获取食物的过程中会显露出贪婪的一面，经常会为

【上】雄鸟的喙底部有白色的斑点。【左下】怡然自得停留在水边的雄鸟。【右下】靠近食物的巴西厚嘴唐纳雀。因为它们以植物的种子和果肉为食，某种意义上还帮忙扩大了植物的种质分布范围。

了食物与其他鸟类展开激烈的争抢。繁殖期会在树叶间修筑杯子状的巢穴，然后在里面产下带有黑色斑点的蓝绿色卵，卵的孵化大约需要 13 天。虽然有时会沦为猛禽类和猴子的口中餐，但巴西厚嘴唐纳雀的适应能力极强，在都市和郊外都能存活下来，因此目前没有灭绝的危险。

DATA

英文名	Brazilian Tanager
学 名	*Ramphocelus bresilius*
分 布	巴西、阿根廷
分 类	雀形目裸鼻雀科厚嘴唐纳雀属
体 长	18~19 厘米
体 重	28~35.5 克

41 红黄拟啄木鸟

Red-and-yellow Barbet

站在深挖的巢穴上警惕观察周
围状况的红黄拟啄木鸟雄鸟。

100

【左】在小树枝上停留的红黄拟啄木鸟。【右】看上去就让人觉得元气满满的绚丽身姿。喜欢吃的净是一些奇怪的东西，如蜘蛛、蟑螂和街上的垃圾。

红黄拟啄木鸟橙色的脸颊就像非洲盛夏的太阳一样，这是一种原产自东非的漂亮鸟儿。它们头顶呈黑色，脸颊呈浓烈的橙色，略带一点点红色，耳后有半月形的白色斑纹，黄色的腹部和白色斑点修饰的黑色翅膀，即使在热带稀树草原里也有极强的存在感。与雄鸟相比，雌鸟整体的颜色要暗淡一些，红色和橙色也相对比较浅。这种绚丽的羽毛是非洲民族马赛人常用的元素。

红黄拟啄木鸟会避开开阔的平地、森林和沙漠，栖息在河边的堤坝和蚁穴周围，通常都是10只左右聚在一起生活。它们以植物的种子、果实及蜥蜴、蜘蛛等为食。通常会选择蚁穴作为产卵地，在里面修筑最大深度可达40厘米的细长型巢穴。雌鸟一次产下2~5枚卵，孵卵和抚养雏鸟的工作由同一群体的伙伴合力完成。据说红黄拟啄木鸟有时也会吃蟑螂之类的昆虫，这种习性很难与如此漂亮的外形联想到一起。在动物园等保暖条件完善的鸟屋饲养时，它们还能担负驱除害虫的职责。

DATA

英文名	Red-and-yellow Barbet
学　名	*Trachyphonus erythrocephalus*
分　布	坦桑尼亚、肯尼亚、苏丹、乌干达、埃塞俄比亚
分　类	䴕形目非洲拟啄木鸟科拟啄木鸟属
体　长	约23厘米
体　重	40~75克

头顶黄金冠，乌干达的象征

>>>

42 灰冕鹤
Grey Crowned Crane

灰冕鹤张开巨大的翅膀，似乎连同伴也被吓到。美丽的身姿还出现在乌干达的国旗上。

分布在非洲东部和南部的灰冕鹤拥有王冠一样的金色冠羽，是乌干达的国鸟。与全长约100厘米的鹤属同类，羽毛呈浅灰色，白色的脸颊在繁殖期会变成红色，细长的颈部下方有名为"肉垂"的红色肉块。灰冕鹤与同为冠鹤属的黑冠鹤外形极为相似，因此也有说法认为灰冕鹤是黑冠鹤的

亚种。在拥有众多鸟类的非洲大自然这个宝库中，高贵迷人的灰冕鹤依然是其中让人过目难忘的存在。

灰冕鹤生活在非洲的热带稀树草原、沼泽地和湿地，以蚱蜢等昆虫和蜥蜴之类的爬行动物为食。鹤科的大多数鸟夜晚都是在水中度过，但灰冕鹤的习性是停留在树上休息。因此，

【上】放射状张开的冠羽闪耀着金色的光芒。【左下】灰冕鹤的寿命达 40~60 年，属于寿命比较长的鸟类。【右下】成群出现在广阔草原的灰冕鹤。据说有时也会侵入农田，采食农作物。

它们向后生长的脚趾都比较发达，以方便抓住树枝。进入繁殖期后，灰冕鹤会用牧草一层又一层地堆砌出土堆状的巢穴，四周被草木包围，从外面根本看不见它们的姿态。春天来临时，雌鸟会产下 2~4 枚卵，雌雄鸟一起孵卵，大约 1 个月后雏鸟诞生。

DATA

英文名	Grey Crowned Crane
学 名	*Balearica regulorum*
分 布	非洲东部、南部
分 类	鹤形目鹤科冠鹤属
体 长	100~110 厘米
体 重	3000~4000 克

叫声明亮、拥有一身时尚波点的鸟

>>

43 盔珠鸡

Helmeted Guineafowl

盔珠鸡与家鸡同属鸡形目，拥有一身黑底与白色波点斑纹互相映衬的羽毛。

【左上】在草地上闲庭信步的盔珠鸡。【左下】雨季时会成对出现在栖息地。【右】一旦察觉到危险，可以短距离飞翔。

盔珠鸡拥有略显圆润的黑色身体，加上白色的波点斑纹，外形时尚漂亮。从脸到颈部呈蓝色，喉部有肉垂，头顶有头盔一样的突起。盔珠鸡"吼啰吼啰"的叫声很远就能听到，在一些地方的知名度不高，但欧洲自古以来就把它们当做家禽和观赏用的宠物饲养，还培育出白色、灰色和茶色等各种羽毛颜色丰富的品种。

盔珠鸡分布在非洲大陆撒哈拉沙漠以南的草原和森林，除繁殖期以外都是2000多只聚集在一起生活，形成巨大的鸟群。春天时，雌鸟会在地面上产下6~12枚卵，期间雄鸟会寻找其他伴侣，以求更高效地延续后代。雏鸟平安出生后，雄鸟又会回到雌鸟身边，开始共同抚育孩子。

样貌迷人的盔珠鸡其实肉也非常鲜美，在原产地非洲，长久以来人们就把它们当做食用的家禽饲养。尤其是在法国，盔珠鸡被称作"pintade"，作为一种高级食材备受人们的喜爱。

DATA

英文名	Helmeted Guineafowl
学名	*Numida meleagris*
分布	非洲
分类	鸡形目珠鸡科盔珠鸡属
体长	53~58 厘米
体重	1000~1500 克

44 南红蜂虎
Southern Carmine Bee-eater

衔着捕捉到的昆虫，在空中飞舞的南红蜂虎。它们不惧危险，敢于扑向熊熊的烈火，从旁擦身飞过。

　　非洲大自然中，有一种鸟拥有粉色和绿色相间的明亮羽毛，它们的生活总是充满惊险与刺激。正如南红蜂虎的名字一样，蜜蜂是它们的食物。南红蜂虎会在空中像杂耍一样盘旋，同时机敏地寻找蜜蜂，一旦抓到先将蜜蜂的毒针去除，然后整只吞下。如此高难度的动作都是在肉眼无法识别的极快速度下完成

的。另外，南红蜂虎为人熟知的习性就是喜欢火。如果热带稀树草原发生大火，它们为了捕捉从大火中逃生的昆虫，就会迅速聚集到火焰周围。这种血气方刚、无畏无惧的个性，十分符合"火鸟"的称号。

　　南红蜂虎分布在非洲中部及南部，生活在森林、热带稀树草原和水

【上】筑巢时会全部聚集到崖壁，看起来就是一片粉红色。
【左下】绿色的头部，稍稍向下弯曲的长喙，深红色的翅膀，是一种绝妙的搭配。眼睛下方有黑色的线条。【右下】在枝头啼叫的南红蜂虎，它是在召唤同伴吗？

边。南红蜂虎属于候鸟，每年8—11月的繁殖期在津巴布韦度过，3—8月又飞到刚果和肯尼亚。进入繁殖期后，会以集体的形式开辟大面积的栖息地，在河岸的堤坝和悬崖的侧面一起挖洞筑穴，大约需要10天，巢穴的通道最深可达2米左右。所有南红蜂虎一同筑巢时，崖壁会被染成一片粉红色，景象美丽而壮观。

DATA

英文名	Southern Carmine Bee-eater
学 名	*Merops nubicoides*
分 布	非洲中部及南部
分 类	佛法僧目蜂虎科蜂虎属
体 长	24~38 厘米
体 重	44~70 克

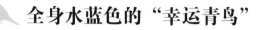

全身水蓝色的"幸运青鸟"

>>

45 山蓝鸲

Mountain Bluebird

清爽的水蓝色翅膀，宛如从童话故事里飞出来一样。

【左】飞翔时身姿同样优雅的山蓝鸲，英文名为"Mountain Bluebird"。【右】伫立在春日柔和阳光中的山蓝鸲雌鸟。雌鸟全身的颜色要比雄鸟淡一些。

翅膀像天空一样蔚蓝的山蓝鸲犹如童话中的"青鸟"，寓意着带来好运，所以在全世界都享有高人气。尖锐的黑色喙，富有光泽的长翅膀，飞行时可以折射出金属光芒。与颜色鲜明的雄鸟相比，雌鸟全身覆盖着灰色的羽毛，颜色稍显暗淡，尾巴和翅膀呈淡蓝色。因为外形出众，山蓝鸲还被美国的爱达荷州和内华达州指定为州鸟。

山蓝鸲生活在北美西部海拔约2000米以上的草原和牧草地，冬季会从美国西南部飞到墨西哥南部过冬。对人类创造的环境具有良好的适应性，有时还会在人类准备的巢箱里筑巢。主要以蚱蜢等昆虫和植物果实为食。

进入繁殖期后，雄鸟会去寻找树木上的空洞和岩石间的缝隙，以此向雌鸟炫耀。雌鸟用树枝和树皮等材料组合在一起，修筑出杯子状的巢穴，每次产卵 4~7 枚，孵卵期大约为 2 周。刚出生的雏鸟腹部有一层柔软的绒毛，圆润的身形非常可爱。近年来，由于森林被砍伐，山蓝鸲的数量在不断减少。

DATA

英文名	Mountain Bluebird
学 名	*Sialia currucoides*
分 布	美国、墨西哥、加拿大
分 类	雀形目鸫科蓝鸲属
体 长	17~20 厘米
体 重	25~35 克

用结实的巢向雌鸟炫耀，简直是编织天才

>>>>>>>>>>>>>>>>>>>>>>>>>>>>>>>>>>>>>>>

46 黑额织雀
Southern Masked Weaver

为了博得雌鸟的欢心，雄鸟会精心编织巢穴。刚开始的形状比较像圣诞花环，最后会变成椭圆形。

黑额织雀生活在撒哈拉沙漠以南的热带稀树草原和半沙漠地带等辽阔的地域，黑色的脸部像是戴着口罩，身体呈活泼的黄色，再加上一双红色的眼睛，非常有特点。黑额织雀用草精心编织出的半圆形巢让人惊叹，以为是"织布工人"的杰作，因此也被称为"织布鸟"。雄鸟会用几天时间将巢表面修整平滑，这是因为雌鸟喜欢质量精良的巢。与颜色耀眼的雄鸟不同，雌鸟的身体覆盖着稍微暗淡的黄绿色羽毛，眼睛呈茶色或红茶色。

它们喜欢单独行动，或是开辟小规模的栖息地，主要采食昆虫、植物的种子和花蜜等。黑额织雀是一夫多妻制，每年9月到次年1月进入繁殖期后，雄鸟

【上】被誉为自然界警告色的黄色和黑色的组合，从远处看也相当醒目。【左下】一副不可思议的表情俯视着地面的黑额织雀。【右下】接近于完成的巢。巢穴编织完成后，雄鸟会一边拍打翅膀一边发出叫声，告知同伴巢的存在。

会在树上和水边编织好几个巢。雌鸟在其中挑选出最出色的巢，然后铺上柔软的草和羽毛。这个时期枝头就会挂着许多用树枝编织成的巢。由于黑额织雀的巢经常会被大杜鹃之类的鸟用来托卵※，所以黑额织雀的雌鸟产下来的卵颜色各异，让其他鸟类很难进行辨别，这样可以让自己的巢和卵免受托卵者的伤害。

DATA

英文名	Southern Masked Weaver
学 名	*Ploceus velatus*
分 布	非洲、南亚、东南亚
分 类	雀形目织布鸟科织雀属
体 长	11~16 厘米
体 重	25~35 克

※某些鸟在其他鸟类的巢里产卵，让其他鸟类充当养父母的习性。

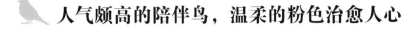

人气颇高的陪伴鸟，温柔的粉色治愈人心

47 粉红凤头鹦鹉

Galah

兴奋得跳起来的粉红凤头鹦鹉，
野生的数量也很多，在澳大利亚
全境都比较容易看到。

粉红凤头鹦鹉是澳大利亚特有的品种，它们喜欢成群结对生活在内陆广袤的森林、海岸地带和草地。亚种之间存在若干不同点，但如名字一样，上半身都是浓郁的粉色，翅膀和尾羽覆盖着浅灰色羽毛。头顶有柔软的冠羽，这是鹦鹉科独有的特征，冠羽的粉红色更接近于白色。可以通过

粉红凤头鹦鹉瞳孔的虹膜颜色来判断雌雄，雄鸟呈黑色，雌鸟呈红茶色。英文名源自于澳大利亚原住民的语言，意思是"又吵又笨的鸟"。但实际上澳大利亚农田里的谷物和农作物有时会遭到粉红凤头鹦鹉的破坏，因此慢慢有人把它们视为一种害鸟。

即便如此，粉红凤头鹦鹉漂亮的外

【上】坐在树杈上微微歪着头的粉红凤头鹦鹉。叫声大但很少会模仿人类的声音。【左下】浅粉色的眼圈和带有弧形的喙特别可爱。【右下】两只粉红凤头鹦鹉亲密地站在凉快的树荫下。

形和喜欢与人相处的性格，还是让全世界爱鸟人士为之着迷，在各国是享有超高人气的观赏陪伴鸟。这种鸟好奇心旺盛，活泼外向，在室内饲养需要关在较大的笼子里，定期用玩具陪它们消遣，这能让粉红凤头鹦鹉保持心情愉快。很少会发出鹦鹉特有的嘹亮叫声，以防万一还是要做好隔音处理。

DATA

英文名	Galah
学 名	*Eolophus roseicapillus*
分 布	澳大利亚
分 类	鹦形目凤头鹦鹉科粉红凤头鹦鹉属
体 长	35~38 厘米
体 重	350~400 克

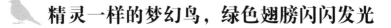
48 仙八色鸫

Fairy Pitta

就算在昏暗的森林中也能看到闪闪发光的绿色翅膀，拥有神秘魅力的仙八色鸫让日本各地鸟类观察者们十分向往。

【左】在地上张望的仙八色鸫。【右】咬着捕捉到的食物站在树枝上。

仙八色鸫拥有多种色彩的羽毛，因此也叫作"八色鸟"，形象非常符合英文名"Fairy Pitta"，意指精灵，让人充满幻想。体型比麻雀大一圈，蓝绿色的翅膀，红色的下腹部，两者形成的互补色格外抢眼。独特的"嚯嚯嘿，嚯嚯嘿"叫声非常具有辨识度，但在深林中很少能见到它们的身影，因此也被称为梦幻鸟。

仙八色鸫主要以隐藏在落叶下的蚯蚓和昆虫为食，喜欢栖息在阳光晒不到的昏暗森林。夏季生活在中国东部、日本等地，冬天南下飞到中国南部和东南亚的加里曼丹岛。每年5月中旬会有少量的候鸟飞到日本，6月上旬在潮湿的斜面修筑半圆形的巢。

DATA

英文名	Fairy Pitta
学 名	*Pitta nympha*
分 布	日本、印度尼西亚、马来西亚、中国、韩国、朝鲜
分 类	雀形目八色鸫科八色鸫属
体 长	18~20 厘米
体 重	66~155 克

拥有条状斑纹的珍奇鸟类，冠羽张开像扇子一样

>>

49 戴胜

Eurasian Hoopoe

针一样的尖喙和身上的条状斑纹看起来好似蜜蜂。

戴胜拥有像鸡冠一样的冠羽，所以有些地方也将这种鸟称为"八头"。它们广泛分布在西欧南部至撒哈拉沙漠以南的非洲，以及亚洲。在一些地方，春秋两季偶尔会有途经的旅鸟，对爱鸟人士来说，它们是相当罕见的珍稀鸟类，所以颇具人气。

戴胜全身覆盖着浅黄褐色的羽毛，翅膀至尾巴有黑白色的条纹。冠羽的顶端有一圈黑色斑纹，处于兴奋状态时会张开呈扇子状，细长的喙下方稍微弯曲，这是戴胜的标志性特征。

通常会发出"嗯嗯嗯，嗯嗯嗯"的可爱叫声，但雄鸟在争夺地盘时，声音就会变大，同时还会用喙啄对方，也是其有攻击性的一面。戴胜主要栖

【上】正在"对话"的两只戴胜。【左下】冠羽的数量不止8根，求偶或兴奋时会张开。【右下】发现红色果实的戴胜。

息在农田和草原，以昆虫、青蛙和植物的种子为食。在树洞和建筑物的缝隙间修筑巢穴，每次产卵4~8枚。雌鸟孵卵的周期大约是3个星期。近些年，作为戴胜主要食物的昆虫受农药影响，数量在不断减少，因此导致戴胜的生存数量也在逐渐减少。

DATA

英文名	Eurasian Hoopoe
学名	*Upupa epops*
分布	欧洲南部和中部、非洲、东南亚及中国、日本等地
分类	犀鸟目戴胜科戴胜属
体长	25~28 厘米
体重	55~70 克

強劲有力地挥动翅膀的彩虹色候鸟

50 黄喉蜂虎

European Bee-eater

从欧洲到亚洲再到非洲，在地球
上大范围移动的黄喉蜂虎。

【左】繁殖期雄鸟的冠羽呈栗色。稍微向下弯曲的喙底部呈白色。【右】黄喉蜂虎大部分是集体行动。冬天到达非洲后便开始寻找共度一生的伴侣。

正如它的名字一样，在分类上属于佛法僧目蜂虎科的黄喉蜂虎以蜜蜂为食。它们利用出色的动态视力像箭一样迅速捕捉蜜蜂，然后用喙衔着蜜蜂在树枝上使劲摩擦它们腹部，把毒针逼出来。在这种惊人的高难度技术面前，具有剧毒的蜜蜂也只能低头。除了堪比运动员的身体能力之外，黄喉蜂虎飞翔时的身影宛如彩虹，颇具美感，有着娇美的另一面。栗色的头部，明黄色的喉部，再加上蓝绿色的翅膀，就这样将全世界鸟类观察者的心俘虏。

从春季开始到盛夏之时，黄喉蜂虎会生活在西班牙至哈萨克斯坦的广袤地域。夏季结束后，它们就飞越直布罗陀海峡到非洲过冬。除了蜜蜂以外，蜻蜓、蝉之类的昆虫也是它们的食物，偶尔也会捕食蝙蝠等体型比自己大的动物。繁殖期会在土崖上花大约10天的时间筑巢，雌鸟每次产卵4~10枚，雌雄鸟共同抚育雏鸟。

DATA

英文名	European Bee-eater
学　名	*Merops apiaster*
分　布	南欧、北非、西亚
分　类	佛法僧目蜂虎科蜂虎属
体　长	27~29 厘米
体　重	45~80 克

51 紫胸佛法僧
Lilac-breaster Roller

华丽夺目的容姿，作为非洲南部内陆国家博茨瓦纳的国鸟，享有很高的知名度。

紫胸佛法僧身上汇聚了 14 种颜色的羽毛，仿佛是从画里飞出来的斑斓鸟。喉部至胸部的颜色接近于原产于欧洲的浅紫色欧丁香花，因此而得名。紫胸佛法僧的特征是头部较大，短小灵巧的喙的顶端稍微向下弯。飞羽的边缘为藏蓝色，张开翅膀翱翔在天空的样子就像是来自童话世界的生物一样。英文名中含有 "Roller" 一词，源于紫胸佛法僧在求爱时会在空中一圈圈盘旋的样子。

紫胸佛法僧分布在撒哈拉以南的非洲大陆和阿拉伯半岛，生活在干燥的热带稀树草原、林地和长有相思树的草原。

紫胸佛法僧主要以蚱蜢等昆虫

【上】在树枝间穿梭的一对紫胸佛法僧。通常是单独或成对生活，迁徙的季节会形成数量庞大的群体。【左下】大部分时候都停留在枝头。【右下】衔着小树枝的紫胸佛法僧，它们会用猴面包树的树枝修筑平坦的巢穴。

和蜥蜴、蜗牛等为食。与可爱的外表不同，紫胸佛法僧捕食的方法相当大胆，它们先把捉到的食物扔向空中，等快要落地时再将其一口吞下去。紫胸佛法僧体型较大，翅膀张开最长可达60厘米。有时遇到蝎子和蛇之类比较危险的动物也不惧怕，会径直冲上去。通常是单独或成对生活，迁徙的时候也会形成数量庞大的集体。

DATA

英文名	Lilac-breaster Roller
学 名	*Coracias caudatus*
分 布	非洲中东部及南部、阿拉伯半岛
分 类	佛法僧目佛法僧科佛法僧属
体 长	36~40 厘米
体 重	87~120 克

边缘呈藏蓝色的硕大翅膀，张开后最长可达 60 厘米。雌雄鸟的斑纹没有差异，均以漂亮的身姿翱翔天际。

52 红胁蓝尾鸲
Red-flanked Bluetail

拥有宝石一般的蓝色羽毛，侧腹部的黄色羽毛非常显眼。

作为日本的代表性蓝鸟，红胁蓝尾鸲的知名度非常高，据说它能够带来幸运，所以受到许多登山者和鸟类观察者的喜爱。红胁蓝尾鸲宛如琉璃色宝石"青金石"的漂亮翅膀极富魅力，黄色的侧腹部也非常惹眼。与颜色鲜艳的雄鸟不同，雌鸟的头部至背部覆盖着浅橄榄绿色的羽毛，侧腹部的黄色羽毛相比雄鸟来说也比较淡。

红胁蓝尾鸲广泛分布在欧亚大陆，夏季在高纬度的喜马拉雅山等地繁殖，冬季迁徙到欧亚大陆南部过冬。冬季的时候红胁蓝尾鸲会降落在城市的街道，这是鸟类观察者们绝佳的机会。"叽叽""咕咕"的叫声非常有特点，但进入繁殖期会发出

【上】红胁蓝尾鸲喜欢树木繁茂略微昏暗的森林。【左下】冬天有时候会降落到城市的街道。【右下】全身被浅橄榄绿色包裹的红胁蓝尾鸲雌鸟。幼鸟时期雌雄鸟的羽毛颜色都一样，大约需要 3 年，雄鸟才会变成蓝色。

"啾啾噜哩哩"这种类似于口哨的嘹亮声音。筑巢和孵卵都由雌鸟单独进行。

DATA

英文名	Red-flanked Bluetail
学 名	*Tarsiger cyanurus*
分 布	印度、泰国、韩国、中国、越南、日本
分 类	雀形目鸫科鸲属
体 长	14~15 厘米
体 重	10~16 克

COLUMN 4

已经灭绝的鸟和《IUCN 红色名录》

由于人类的滥捕和自然环境的变化，很多鸟都面临着灭绝的危机。这些面临灭绝危机的鸟的品种到底是根据什么样的指标来评判呢？另外，如今已经完全消失在地球上的那些鸟，曾经又是什么模样呢？

评估灭绝危险系数的《IUCN红色名录》

判断地球上濒临灭绝鸟类的指标就是IUCN制定的在世界范围内通用的红色名录。分类越靠前，说明灭绝危险系数越高。

灭绝危险系数的分类

分类	缩写	说明
灭绝	EX	已经灭绝的物种
野外灭绝	EW	只生活在饲养、栽培条件下或者是在远离其自然分布的区域以野生状态生活的物种
极危＋濒危	CR+EN	濒临灭绝危机的物种
极危	CR	极短时间内野生种群灭绝的危险性极高的物种
濒危	EN	危险系数不及CR，短时间内野生种群灭绝的危险性极高的物种
易危	VU	灭绝危险系数在增加的物种
近危	NT	目前灭绝的危险系数较小，但随着生存条件的变化，可能面临灭绝危险的物种
数据缺乏	DD	用于评估的数据不足的物种
有灭绝可能性的地域个体种群	LP	被地域孤立的个体种群，灭绝危险系数较高的物种

评估国际贸易规则的《华盛顿公约》

与IUCN制定的红色名录不同，《华盛顿公约》是指 1973 年在美国华盛顿签署的有关野生动植物国际贸易的公约。附录将管辖的动植物名单一一列出。《华盛顿公约》包括三个附录，附录一是灭绝危险系数最高[※]的物种，而且禁止以任何商业目的引入和输出。附录一中所示的动植物，以学术为目的需要引入和输出的需持相应许可证。

※附录一的名单中包括大熊猫等约 1000 种动物和植物。

已经灭绝的鸟

下面为大家介绍几种由于温室效应、森林砍伐和以食用为目的滥捕等多种原因导致现已经灭绝的鸟类。

始祖鸟

出现于侏罗纪晚期，曾被认为是最接近于现在鸟类祖先的生物。当时的化石出土于德国的慕尼黑地区。与现在的鸟类不同，始祖鸟的嘴巴里面有牙齿。

恐鸟

曾经生活在新西兰，属于鸵形目恐鸟科，是史上最大的巨鸟。身体高度最高可达3.6米，体重达250千克。由于温室效应和毛利族的滥捕等原因在1500年前灭绝。

渡渡鸟

16世纪末，荷兰探险家在马达加斯加附近洋面的毛里求斯岛上发现了渡渡鸟。这种鸟不会飞，大小与火鸡差不多。"渡渡"在葡萄牙语中是"愚笨"的意思。当时主要是出于食用目的捕杀致使渡渡鸟灭绝。

旅鸽

19世纪中叶主要栖息在北美的候鸟，属于鸽形目鸠鸽科，拥有一身富有光泽的蓝灰色和紫褐色羽毛。19世纪初，在俄亥俄河上游还观察到有22亿只旅鸽的鸟群，后来由于滥捕导致其灭绝。

图书在版编目（CIP）数据

鸟 / 日本日贩IPS编著；何凝一译. —— 贵阳：贵
州科技出版社, 2022.1
ISBN 978-7-5532-0977-7

Ⅰ. ①鸟… Ⅱ. ①日… ②何… Ⅲ. ①鸟类—青少年
读物 Ⅳ. ①Q959.7-49

中国版本图书馆CIP数据核字(2021)第200410号

著作权合同登记号 图字：22-2021-041
TITLE:［美しい鳥の本］
BY:［日販アイ・ピー・エス］

本书由日本日贩IPS株式会社授权北京书中缘图书有限公司出品并由贵州科技出版社在中国范围
内独家出版本书中文简体字版本。

鸟
NIAO

策划制作： 北京书锦缘咨询有限公司（www.booklink.com.cn）
总 策 划： 陈　庆
策　　划： 姚　兰

编　　著： ［日］日贩IPS
译　　者： 何凝一
责任编辑： 胡仕军
排版设计： 刘岩松
出版发行： 贵州科技出版社
地　　址： 贵阳市中天会展城会展东路A座（邮政编码：550081）
网　　址： http://www.gzstph.com
出 版 人： 朱文迅
经　　销： 全国各地新华书店
印　　刷： 昌昊伟业（天津）文化传媒有限公司
版　　次： 2022年1月第1版
印　　次： 2022年1月第1次印刷
字　　数： 176千字
印　　张： 4
开　　本： 889毫米×1194毫米　　1/32
书　　号： ISBN 978-7-5532-0977-7
定　　价： 39.80元